设宴系列

影响世界的时尚大师 可可·香奈儿

What **Coco Chanel** Can Teach **You** About **Fashion**

[英] 卡洛琳·杨 著 王东雪 译
（Caroline Young）

机械工业出版社
CHINA MACHINE PRESS

引 言

作为20世纪初原创时尚的叛逆者，嘉柏丽尔·可可·香奈儿（Gabrielle 'Coco' Chanel）的个性态度和性格本质塑造了她极具突破性和独创性的设计。她用永不过时的简约线条，精良剪裁，些许浪漫点缀，以及以黑色、白色和米色为主的配色组合，让服饰兼具奢华与舒适。而这些特征也同样透露着她在生活和爱情中的秘密。

无视规则

可可·香奈儿虽然出身贫寒，在修道院中长大，但她制定了自己的生活方式。通过她的创造力，她将女性从紧身衣中解放出来，将男性服饰元素运用到女性服装的设计中。她的短发造型、晒黑的皮肤和无视常理规则的爱情，都象征着20世纪20年代时尚和热爱自由的女性，男孩子式的造型风格是她的招牌。在20世纪50年代，随着设计师们在战后复出，香奈儿想为积极、独立的女性设计出能让她们畅快呼吸的裙子和西装，打破迪奥的“新风貌”风格。

她的设计吸引了世界上最时尚的女性们，包括社会名媛、交际花、巴黎舞台剧女演员、英国时尚贵族和电影明星等。多年来，她的设计风格几乎没有变化——粗花呢夹克、小黑裙、珍珠项链、条纹上衣、绗缝包、香奈儿5号香水，所有这些单品至今仍然被认为是现代时尚女性的身份象征。她是自己设计的衣服的完美模特，她选择的面料、剪裁和图案，包括数字5、狮子标志和山茶花，都在讲述着经典与传奇。

永恒的风格

即便在可可·香奈儿去世后，香奈儿品牌也依旧使用着她开创的时尚语

1883年	1895年	1910年	1913年	1921年	1926年	1939年	1954年	1971年
可可·香奈儿出生于法国的索米尔（Saumur）。	香奈儿到奥巴辛修道院（Aubazine Abbey）。	在巴黎康朋街（Rue Cambon，Paris）开设第一家香奈儿店铺。	开设杜维埃（Deauville）精品店。	香奈儿5号香水发布。	香奈儿小黑裙登上《Vogue》时尚杂志。	香奈儿关停所有业务。	香奈儿复出。	香奈儿在巴黎丽兹酒店（The Ritz，Paris）去世。

言，这就是可可·香奈儿的永恒力量。她是一位自学成才的女装设计师，她为独立而奋斗，这使她可以按照自己想要的方式生活。香奈儿创造了一种永恒的风格来激励女性，满足她们在现代生活中对舒适制服的需要。正如香奈儿曾说过的那样：“流行稍纵即逝，但风格永存。”

为了能更好地理解可可·香奈儿，本书列出了我们可以从她身上学到的经验，详细分解了她关键的设计成品和灵感来源，同时剖析她的设计理念。每个章节都有助于发现香奈儿的创造精神，以及我们今天该如何将她的理念和经验应用于时尚、设计态度和风格之中；帮助我们更好地颂扬香奈儿背后的艺术性，深入研究她的创新方法和不屈从态度，并学习如何以新的眼光看待时尚。

可可·香奈儿的生平

可可·香奈儿于1883年8月19日出生在法国卢瓦尔河谷（Loire Valley）的索米尔。她的父亲是位流动商贩，在推车上售卖衣服。因此，香奈儿和她的四个兄弟姐妹经常要从一个城镇搬到另一个城镇。这段贫穷的童年经历影响了她未来的生活和事业。香奈儿12岁时她的母亲去世了，她和她的两个姐妹被带到了法国科雷兹（Corrèze）的奥巴辛修道院，由修女抚养长大。这些经历构成了之后香奈儿品牌的经典元素——单一的色彩，简单而朴素的设计，修道院走廊上太阳和月亮的马赛克符号，西多会修道院（Cistercian Abbey）内的数字5和其窗口中双C徽标图案。

可可的出现

香奈儿在十八岁时搬到了穆兰（Moulins），和她的姑姑阿德里安娜（Adrienne）一起在镇上做裁缝女工。晚上，她会在镇上拥挤的歌舞咖啡馆里唱歌。那时第十轻骑兵团的士兵们经常光顾这个咖啡馆，他们中一个风度翩翩的年轻人是艾提安·巴勒松（Étienne Balsan）。巴勒松出身于一个富裕的纺织业家庭，在父母去世后继承了家族遗产。他有着非常新奇和前卫的思想，被香奈儿当时柔弱、孤独的气质所吸引。他给她起了个小名叫“可可”，来自于她演唱的一首流行小曲——《谁见过可可》。

巴勒松的第一爱好是赛马，他离开军队后住在皇家领地（Royallieu），这是他在巴黎郊外改建的城堡，在那里他经常宴请一些上流社会成员和风月场所的交际花。香奈儿和他生活在那里，她沉浸在这种乡村庄园无忧无虑的生活方式中——在森林里骑马，去隆尚等著名赛马场观看赛马。

香奈儿非常不喜欢和不屑于当时女性们观看赛马比赛时的着装，她看到这些女性都是“头上戴着巨大的如面包一样的头饰，这些头饰用粗硬羽毛做结构，用水果、丝带和细小的羽毛装饰”，“最糟糕的是，她们的帽子戴在头上并不适合，这让我非常震惊”。香奈儿则穿着量身定制的骑马夹克、马裤，戴着简洁精巧的平顶草帽，男孩子气的外表和独特的穿着方式让她在这些女性中脱颖而出。当女演员和交际花埃米莉安娜·达朗松（Émilienne d'Alençon）戴着一顶由香奈儿装饰过的她的同款草帽出现时，立刻吸引了所有人的注意，很快香奈儿就有了一份客户名单，所有客户都想要一顶属于自己的男孩样式的草帽。

创建自有品牌

香奈儿的设计风格受到巴黎时尚女性的热烈追捧。在富有的英国花花公子亚瑟·男孩卡柏（Arthur ‘Boy’ Capel）的帮助下，她创办了一家帽子公司。当时的交际花们习惯穿着繁复的衣服来吸引男性的注意，香奈儿通过去掉服饰中过多的装饰，破除了交际花们对这一穿着习惯的依赖性。1913 年，在男孩卡柏的鼓励下，香奈儿在巴黎和杜维埃各开了一家服装商店，她的设计很快在贵族、艺术家和女演员们中赢得了大批追随者。她对运动套衫针织面料的使用完全是颠覆性和充满新奇感的。很快，她的设计就抓住了第一次世界大战的时代精神，巴黎的社会女性来到她的工作室，她们装扮上简单但奢华的服装，这让她们感受到可可·香奈儿的魔力。她设计的宽松上衣有口袋，腰线低，帮助女性摆脱了紧身胸衣的束缚。到了 20 世纪 20 年代，她们都希望穿得像香奈儿。男孩卡柏被认为是香奈儿一生的挚爱。1919 年圣诞节前，他在一场车祸中不幸罹难，香奈儿得知后哀叹“失去男孩，我失去了一切”。男孩卡柏的死对香奈儿是一个巨大的打击，她试图通过建立一个包括畅销香水在内的时尚帝国来证明自己的价值。

20 世纪 20 年代，香奈儿站在了时尚的前沿。此时，她融入了波西米亚的社交圈，其中包括艺术家们的缪斯女神米西亚·塞特（Misia Sert）、巴勃罗·毕加索（Pablo Picasso）、伊戈尔·斯特拉文斯基（Igor Stravinsky）、让·科克托（Jean Cocteau）和芭蕾舞团创始人谢尔盖·迪亚吉列夫（Sergei Diaghilev）。此外，她游访过的地方也影响了她此后的设计——她与情人西敏公爵（Duke of Westminster）一起旅行时从苏格兰收集粗花呢，她在杜维埃时穿的海魂衫，在法国南部游艇上穿的白色睡衣和水手服。

在香奈儿的职业生涯中，她喜欢黑色、白色和米色的配色组合，这个灵感来自于她年少时成长的奥巴辛修道院的主要色彩风格。但她也会将来自美好年代（Belle Époque）的浪漫情调和巴洛克的戏剧风格融入自己的设计中，同时也受到20世纪20年代在巴黎的俄罗斯移民的影响。从她设计的刺绣和薄纱礼服上饰有蕾丝和亮片的细节就可以明显看出这些风格特征。这些女性化的、浪漫的风格与LBD（小黑裙）的简约风格形成了鲜明对比，LBD的设计是基础、简洁但精致的。

当代世界的潮流服饰

1939年，第二次世界大战爆发期间，香奈儿关闭了她的时装店，隐退到瑞士。在瑞士的近十年时间里，她过着半流亡生活。然而，20世纪50年代，香奈儿再次显露锋芒，她凭借经典的粗花呢套装再次统领了时尚界。它最初流行在美国女性中，她们喜爱粗花呢套装带给她们的自由感，这一时尚很快风靡全球，成为当时活跃在女性衣柜中的必备服装要素。20世纪50年代和60年代追捧香奈儿精神的新女性包括布碧姬·芭铎（Brigitte Bardot）、苏茜·帕克（Suzy Parker）、让娜·莫罗（Jeanne Moreau）和杰奎琳·肯尼迪（Jackie Kennedy）。

可可·香奈儿自始至终都持续创作她钟爱的美学作品，直到1971年1月去世，终年87岁。自20世纪30年代以来，她一直住在巴黎的丽兹酒店，从那里可以看到她位于康朋街31号的工作室和沙龙。她的精神遗产在她死后仍在延续，康朋街仍然是她的精神家园。

卡尔·拉格斐（Karl Lagerfeld）在1983年被任命执掌香奈儿。他将新奇的趣味性融入香奈儿的传统经典气质中，重新塑造了香奈儿造型。他翻阅大量档案寻找灵感，用糖果色的粗花呢套装、印着香奈儿标志的纺织品和珠宝、巨大的呼啦圈绗缝包和迷你单色比基尼打破了新潮与传统的界限。正如卡尔·拉格斐曾经说过的："我的工作不是做她所做过的，而是做她本想做的。香奈儿的好处在于，香奈儿的理念适用于诸多事物。"

2019年，拉格斐去世后，由维吉妮·维娅（VirginieViard）接任他的位置，她继续用过去的语言讲述香奈儿的生平故事，同时也传承着香奈儿为现在和未来创造舒适可穿戴服饰的精神理念。

目 录

The Details
标志细节

The
Looks
经典作品

男性干练和女性风韵的融合

可可·香奈儿在初建她的经典风格时，被她生活中的男性服饰深深地影响——一件从男孩卡柏处借来的马球衫，一件来自皇家领地城堡的马童的夹克，一件西敏公爵的粗花呢运动夹克。当她第一次以设计师的身份显现于“美好年代”时，时尚是非常女性化的。女性们在奢华的蕾丝礼服下穿着厚重的紧身衣，身体被勒挤成“S”形，头上戴着因装饰过多而不平衡的帽子。香奈儿大胆地将男性服饰的精简干练与女性服饰的风韵美感相结合，彻底颠覆了时尚。

在艾提安·巴勒松的皇家领地城堡生活期间，香奈儿经常骑马穿过周围的森林。因受到骑师和马厩马童的启发，她常常是一副穿着马裤、衬衫和定制的粗花呢夹克，打着领带的男孩子形象。在他们的化装舞会上，她也因穿着男士西装而被众人所知，这也加深了她在美好年代末期对男性服装风格的热爱。

第一次世界大战期间，女性的生活方式发生了巨大的变化，也包括她们的着装。当女性们通过在工厂工作或驾驶救护车为这场战争做出贡献时，她们需要更宽松、更轻便的衣服。香奈儿在杜维埃精品店出售的干练简约且实用的衣服立即捕捉到并成功迎合了这一变化。她设计的V领宽松服饰，前面有纽扣，就像男士的毛衣一样，宽松的腰带搭在腰部。那时的女装通常没有口袋，但香奈儿坚持在她的外衣上加口袋，以解放双手。这些设计为女性带来了服装上的

→ 凯特·摩丝（Kate Moss）作为香奈儿1994年春季成衣系列的模特，展示了可可·香奈儿在20世纪10年代所打造的休闲男性服装风格。

↑ 交际花兼模特马里莎 · 贝伦森（Marisa Berenson）在 1969 年《Vogue》时尚杂志中的照片，她穿着香奈儿束腰外衣和裙裤，这套融入了东方元素的服装的设计灵感来自嬉皮士亚文化。

“衣服需要的是简单、舒适和整洁，
我在不知不觉中提供了所有这些。”

可可 · 香奈儿

自由，而不是受到服装的束缚。“我处在正确的方向上，一个机会在向我招手，我抓住了它……衣服需要的是简单、舒适和整洁，我在不知不觉中提供了所有这些。”

与时尚偶像玛琳 · 黛德丽（Marlene Dietrich）和凯瑟琳 · 赫本（Katharine Hepburn）一样，香奈儿也是 20 世纪 20 和 30 年代女性裤装的开拓者，那时的人们认为女性穿裤子是非常羞耻的行为。香奈儿闪亮的白色缎面睡衣在 1918 年前后由她首次穿着，同时搭配宽腿裤子和条纹上衣，非常适合在里维埃拉（Riviera）度假的日子。如果搭配一件合适的夹克，她也会在独特的夜晚穿着。

在 20 世纪 60 年代，香奈儿设计出的细肩带刺绣丝绸上衣和富有金属质感的斜纹花呢裤套装，可以与伊夫 · 圣 · 罗兰（Yves Saint Laurent）前卫的吸烟装套装相媲美。作为迷你裙的坚定反对者，香奈儿对这一年轻趋势的妥协方式是设计并推出了裙裤套装——百慕大风格的短裤，搭配束腰上衣。这一风格与波西米亚文化遥相呼应。

简单也可以展现奢华

“有些人认为奢华与简单是对立的，其实并非如此。奢华与粗陋才是对立的。”香奈儿曾经说过。

香奈儿采用一种被称为“贫穷流派”（genre pauvre）或“奢华贫穷”（poverty de luxe）的风格，将原本被认为是工人阶级的物品以高价出售给上流社会的女性。在她的系列作品中，香奈儿使用了工人们穿的带有口袋的夹克、女佣的黑白制服以及布列塔尼渔夫的条纹上衣等风格元素。她对作为男士内衣面料的法兰绒和平纹针织面料等“劣质”面料的使用是革命性的。

第一次世界大战之前，富裕的女性把自己挤在紧身且受束缚的不舒服的衣服里，因为这是她们地位的象征。但香奈儿的独家设计去除了所有象征财富的元素，例如衬裙和裙撑，紧身褡和鲸骨制的紧身胸衣。这个大胆的女人剥去了华丽厚重的蕾丝、羽毛和珠宝，取而代之的是简单的服饰和装扮——针织连衣裙或香奈儿的平顶草帽。

香奈儿在恰当的时间进入了时尚界，因为她的风格非常符合第一次世界大战时期的审美，当时面料和金属的短缺导致人们追求更加朴素的服装。她很快就顺应了这一变化，使用更便宜的兔毛装饰代替昂贵的貂皮，并以开创性的方式使用平纹针织面料。《Vogue》杂志描述了战争和平纹针织衫如何占据了时尚巴黎人的思想，“平纹针织面料不仅是一种面料，更是一种痴迷”。

→ 1913 年，可可·香奈儿在杜维埃附近的埃特勒塔（Étretat）海滩为自己的休闲运动衫系列服装做模特。这件宽松外套配有深口袋和带有山茶花装饰的休闲腰带。

“平纹针织面料不仅是一种面料，
更是一种痴迷。”

《Vogue》时尚杂志

即使在战后，香奈儿仍继续将针织面料用于她的单品系列中，包括毛衣、裙子和开襟羊毛衫，以及对比鲜明的带有白色领子和袖口的简单黑色套装。她使用得体的剪裁和精湛的技术将工薪阶层的服装风格提升到了奢华的等级。在1931年的一篇文章中，美国记者珍妮特·弗兰纳（Janet Flanner）描述了香奈儿如何看待“挖沟工的围巾，让女服务员的白色衣领和袖口变得别致，并将女皇般的优雅装进工人的束腰外衣”。

香奈儿简洁风格的服装使时尚变得大众化，因为当欧洲和美国的女性为自己复制这种衣着风格时，她的简单设计很容易就被传播到了街头。香奈儿曾说过：“好的面料本身就很漂亮，但裙子越奢华，它就应该变得越简洁。人们将贫穷与简单混为一谈。”

← 香奈儿1989年春夏系列作品，深口袋开衫外套搭配衬衫和平顶草帽。该系列开创了修正主义设计的杜维埃造型。

顺应时代精神

在 20 世纪 20 年代，香奈儿赢得了“时尚先锋”的声誉。当时的巴黎满是波西米亚人，涌现了大批立体主义、未来主义和装饰艺术等新的前沿艺术运动。通过沉浸在新的潮流趋势中并与优秀的人合作，香奈儿的时尚地位一直在时代精神的最前沿。除了推崇自由不羁和休闲风格的装扮外，她还是巴黎第一批将头发剪短的女性之一，她说：“每个人都为之狂喜”。

香奈儿以她在第一次世界大战期间取得的成功为基础，她优雅而舒适的设计吸引了希望在和平时期仍保持自由的女性。除了大口袋的大衣外，香奈儿还设计了宽松的裙子，让女性可以轻松地乘坐巴黎的地铁。在维克多·玛格丽特（Victor Margueritte）写出了有争议的小说之后，20 世纪 20 年代的直筒服装轮廓在法国被称为“男性风”造型。这一造型的代表服装即是香奈儿的褶裙、毛衣和飘逸的连衣裙。它们拂过身体，打造了整套不用穿着紧身胸衣的造型装扮。

香奈儿意识到她的顾客是现代、“忙碌”的女性，所以香奈儿的服装要能够满足她们所有活动的着装需要，从打网球和高尔夫到去赌场吃饭或看赛马。“一件合适的衣服应该能让人走路、跳舞，甚至骑马！”她说。作为时尚领袖，她的设计代表了那些思想自由的女性，她们剪短了头发，身着闪亮的及膝暴露礼服，喷洒着那个时代的新香氛：香奈儿 5 号（Chanel No.5）。

→ 香奈儿将设计精力投向了 1925 年国际现代装饰与工业艺术展，装饰艺术也诞生于此。这使得巴黎成为前沿艺术和设计，以及爵士乐的中心。香奈儿的 1925 年服装系列展现了定义装饰艺术风格的东方灵感图案，融入针织和爵士风格的及膝裙。在整个 20 世纪 20 年代，裙子的长度不断增加和减少，但香奈儿选择将裙摆保持在膝盖以下，这适合那些尝试晒黑皮肤并学习新的充满活力的舞蹈的新一代活跃的现代女性。

坚持简单的黑色

1926 年，香奈儿正式推出了她的小黑裙，这件单品后来成为女性衣橱里的必备品，激励了露易丝 · 布鲁克斯（Louise Brooks）以及电影《蒂凡尼的早餐》（Breakfast at Tiffany’s）中的霍莉 · 戈莱特丽（Holly Golightly）。小黑裙简称为 LBD。

香奈儿的连衣裙采用黑色双绉面料制成，优雅的长袖连衣裙，搭配一串闪闪发光的珍珠。它是“小巧”的，因为它的设计简洁精良。很快，美国版《Vogue》时尚杂志将它比作相当于福特汽车在人们日常生活中的地位和流行程度，因为他们预见到它未来将会成为日常生活必需品。

这并不是香奈儿第一次使用黑色——她于 1917 年就首次使用含丝绸的针织面料制作出宽松的 V 领黑色礼服，并饰有日本刺绣。1918 年，她还凭借一系列黑色礼服赢得了赞誉，其中包括被黑色薄纱裙衬包裹的双绉紧身裙，以及细肩带和腰臀部带有装饰的黑色礼服。

香奈儿早期的黑色礼服使用天鹅绒、乔其纱雪纺和真丝薄稠，配有黑色的丝绸流苏或雪纺花朵，虽然人们认为这种颜色抹去了女性的身材曲线，但它符合 20 世纪 20 年代的装饰艺术审美，即极简主义就是极致的优雅别致。1926 年，《Vogue》时尚杂志写道：“黑色是夜晚最明智的颜色。”

传统上黑色是用于哀悼的颜色，但根据香奈儿的说法，黑色是一种可以从白天过渡到夜晚的颜色，从羊毛到真丝、绸缎和天鹅绒。

→ 正如 1918 年可可 · 香奈儿因其设计的黑色薄纱裙衬包裹的黑色紧身裙而赢得喝彩一样，卡尔 · 拉格斐为他的 1991—1992 年秋冬系列创造了一个更具潮流性的版本。

“黑色是夜晚最明智的颜色。”

《Vogue》时尚杂志

香奈儿回忆说，1920 年，在巴黎的一场慈善舞会上，当她看到各式色彩鲜艳的保罗 · 波烈（Paul Poiret）礼服时，她被女性们渴望穿着黑色的真诚所打动。她说这些鲜艳色彩的可穿着性是“难以忍受的”，而“黑色会让周围的一切失色”。

↖ 《Vogue》时尚杂志于 1926 年绘制的香奈儿原创的小黑裙插图，他们称其为“福特”，因为他们预见它将是每个女性衣橱中的重要单品。

← 黑色是香奈儿每个系列中必不可少的色调，标志性的小黑裙经常与对比鲜明的白色组合搭配，就像这件 2013 年春夏系列中带有修道院制服风格的礼服一样。

小黑裙的简洁就像是为珍珠项链、宝石腰带以及对比鲜明的白色领口和袖口提供的时尚画布。“五年中有四年我只做黑色的衣服。我设计的裙子几乎没有任何改动——白色领子或袖口，它们却卖疯了。女演员、职业女性、女佣，每个人都穿着它们。”

香奈儿在 20 世纪 50 年代复出后仍继续使用黑色。在 1954 年的系列中，她设计了一件搭配长裙的黑色天鹅绒衬衫式晚礼服和黑色蕾丝无肩带礼服。黑色仍将是香奈儿的经典之作——这是定义了她品牌形象的最可靠的和最挚爱的颜色。

探寻经久不衰的创造

香奈儿曾对《Vogue》时尚杂志编辑贝蒂娜·巴拉德（Bettina Ballard）说：“我让时尚女性们可以自由地生活、呼吸，感觉舒适并看起来年轻。”香奈儿的设计是革命性的，因为她完全了解女性需要什么能感到自信。

当她于1954年推出复出系列时，她表示她的主要动机是为女性提供可自由穿戴的舒适的衣服。该系列中最受欢迎的单品被称为“香奈儿造型”，其特色是一件带有简单口袋的夹克、一条长度及小腿肚的裙子搭配一件线条优美的衬衫和一顶平顶草帽。它是休闲优雅的化身。从它的搭配结构上，穿着者不禁都采取一种年轻而时尚的姿态，不自觉地将髋骨前倾，一只手插在口袋里。

粗花呢夹克迅速成为香奈儿的标志，它以其笔直的轮廓和带有男士夹克风格的剪裁，为现代女性提供了极致完美的自由度。与20世纪50年代紧随克里斯汀·迪奥（Christian Dior）新风貌的收紧腰身的紧身时装相比，这是一种可以让女性自由呼吸的款式。

这些夹克看似简单，但剪裁结构极其复杂，每件都需要150个小时的人工制作。这些夹克采用了创新的剪裁方式。香奈儿发明了一种特殊的肩部剪裁，使夹克能够像开衫一样合身。裙子的腰带上缝有一条丝带以将其固定并贴合在衬衫上，外套的下摆中隐藏着一条链子，可以使夹克向下垂展并服帖。压纹镀金纽扣通常采用她最喜欢的狮子符号——代表了她的狮子座星座，她的标志性花朵——山茶花和可可·香奈儿的双C标志。这些图案会在香奈儿的系列中一次又一次地被使用，因为它们在她的生活中非常重要。

香奈儿坚持认为里衬也是夹克的重要组成部分，因此里衬也要使用丝绸材质，与夹克里面穿搭的衬衫相配。这一

↑ 1961 年，《生活》（Life）杂志以香奈儿造型为例，展示了香奈儿斜纹软呢西装如何成为想要轻松穿梭于城市生活的活跃女性的重要衣着款式。

→ 法国模特奥黛丽·芒内（Audrey Marnay）在 2003 年春夏成衣秀上，身穿带有山茶花胸花和大片链条装饰的粗花呢夹克。卡尔·拉格斐重新设计改造了香奈儿经典粗花呢夹克，与迷你裙搭配。

↘ 2019 年 3 月巴黎时装周期间，日本音乐二人组铃木姐妹花阿米阿亚（Amiaya）身着香奈儿。香奈儿粗花呢夹克作为东京不拘一格的街头文化的一部分，被传承到了新时代。

细节除了让人感受到衣服奢华之外，它还可以帮助夹克更好地穿脱。“里衬——秘诀就是：里衬和剪裁。”她说。

香奈儿自始至终都坚持精益求精的服装剪裁。她会斥责她的裁缝师，直到她们达到她所追求的极致目标为止。她说：“我把我的衣服看作手表。只要有一个‘小轮子’不能完美运行，我就会重新制作这件衣服。如果一件衣服不舒适，如果它不能正常‘行走’，那么它就是不合格的……衣服的优雅意味着能够自由行动，穿着的人能够从容地做任何事情。”

当卡尔·拉格斐于 1983 年成为香奈儿品牌的负责人时，他再次启用了标志性的粗花呢夹克。虽然他为每个系列的夹克都添加了现代元素，但他仍保留了香奈儿“手表”寓意的重要部分：接缝处隐藏的链条，对比色的饰边和丝绸里衬。

“我把我的衣服看作手表……
只要有一个‘小轮子’不能完美运行，
我就会重新制做这件衣服。”

可可·香奈儿

在白色绸缎中寻找奢华

可可 · 香奈儿非常偏爱白色绸缎的感染力。白色对于香奈儿来说代表纯粹和洁净。这让她想起了在她长大的修道院里，那些刚洗过的床单和白色衬裙，以及她幼时在那里当裁缝女工时，辛苦缝制的白色嫁衣。

作为一位狂热的哥特式小说爱好者，香奈儿也将白色视为青春和诱惑的颜色。正如《呼啸山庄》（Wuthering Heights）中凯茜（Cathy）穿着白色婚纱的幽灵形象。

1920 年，她与德米特里 · 帕洛维奇大公（Grand Duke Dmitri Pavlovich）合影，剪短的头发和晒黑的皮肤被白色缎面连衣裙衬托得格外美丽；这是极其富有现代性的闪亮和魅惑的形象。1923 年，《Vogue》时尚杂志描述香奈儿是“全身穿着白色，饰满珍珠”的造型，并强调她是社会版面中最时尚的女性之一。

在 1929 年华尔街经济危机之后，女性魅力和女性气质被视为可以摆脱大萧条苦难氛围的一种手段，白色缎面礼服变得无处不在。这是对美好年代的浮华格调的回归。香奈儿将这一时期描述为“坦率的纯真和白缎”。

20 世纪 30 年代初期，香奈儿在威尼斯丽都（Venice Lido）穿着她再次设计推出的白色沙滩睡衣，延续了诱人的白色缎面这一潮流趋势；它们立即登上时尚杂志的版面。当她为艾娜 · 克莱尔（Ina Claire）在好莱坞音乐片《希腊人有一种说法》（The Greeks Had a Word for Them）中饰演的角色创作服装时，这些服饰立即赢得了《Vogue》时尚杂志的盛赞。

→ 香奈儿穿着她标志性的白色缎面睡衣，这是她在第一次世界大战结束时率先引领起来的一种服装风格。

↑ 2019 年在巴黎大皇宫举行的香奈儿高级手工坊秀，图片为该秀中的白色缎面礼服。

香奈儿 1933 年的全白春季系列是非常具有创新性的，法国版《Vogue》时尚杂志描述了香奈儿如何第一次在一个秀中展示她所有的白色连衣裙。“就好像这个地方突然变成了诺曼底的果园。”

她说：“白色的纯净应该令人眼花缭乱，而且不能看起来像搅打奶油一样没有生气。”香奈儿特别享受白色反射太阳光照亮周围一切的感觉，她喜欢“在晒黑的耳垂上戴着耀目的白色耳饰”的这种对比。白色是古铜色皮肤的完美衬托，因此它成为里维埃拉的代表颜色。

“时尚不仅存在于服装中。
时尚在天际，也在街头，
时尚与我们的想法、
生活方式和正在发生的事情
都息息相关。”

以浪漫逃离现实

虽然香奈儿以其男性化的剪裁风格而著名，但她设计的晚礼服却拥有浪漫和女性化的一面。1918 年，她用金属色蕾丝和流苏，光彩闪耀的珠饰，以及精致的刺绣来装饰礼服，她也因这些晚礼服的轻盈触感而赢得赞誉。

1929 年华尔街经济危机后，时尚从 20 世纪 20 年代男性化的、平胸无束缚的造型戏剧性地转变为更传统的女性化款式。裙子的长度延长到离地 6 英寸，剪裁更贴合身体曲线，腰线提高，以凸显女性的身材特征。与其他女装设计师一样，香奈儿自然地顺应了这种着重凸显女性气质的服装趋势，她用性感的白色和淡粉色缎面或多层薄蕾丝制作了拖地礼服。1930 年 2 月，她设计了两件带有特色下摆和高腰线的及地晚礼服，一件为黑色，另一件为白色。1931 年春季，香奈儿的淡色礼服使用了大量薄纱、天鹅绒、蕾丝和缎带。这些浪漫的连衣裙虽然好似参考了她记忆中年轻时美好年代的风格，但却大胆地将内衣元素与细肩带和低领口相结合。

除了在晚礼服上使用别出心裁的装饰，她还为日常装扮设计了修身的粗花呢和天鹅绒套装，通过露出白色衬衫的荷叶边领子或与领口有颜色对比的蝴蝶结来延续设计的浪漫感。

彩色印花欧根纱礼服是她 1939 年吉普赛系列的标志性礼服。这也是因第二次世界大战爆发，香奈儿被迫关停服装生意之前的最后一件设计。这个系列因其服装的缤纷色彩而呈现出的性感而受到称赞，其中包括泡泡袖衬衫、弗拉明戈风格的裙子和别在肩上的山茶花：这是一种纯粹的、女性化的逃避现实主义。

时尚编辑戴安娜 · 弗里兰（Diana Vreeland）曾说过："每个人一想到香奈儿就会想到套装，但那是后来的事情

了。如果你能看到我在 20 世纪 30 年代白天和晚上所穿着的香奈儿服装就会发现非常不同的风格——轻便的吉普赛裙、精妙的锦缎衣服、短款上衣、头发中的玫瑰、带亮片的鼻纱。同样的，丝带也非常漂亮。”

↑ 2002 年香奈儿春夏高级定制时装系列中的浪漫细节。该系列借鉴了内衣的风格元素，让人联想到香奈儿 20 世纪 30 年代的设计。然而，虽然它们反映了过去的时尚，例如美好年代时期，但在展现连衣裙的内部结构和剪裁方面是现代主义的。随着香奈儿的剪裁技术成为设计的焦点，其服装的接缝处和针脚无一不在向外界展示着这些技艺。

用单色表达

香奈儿最具标志性的颜色组合是黑色和白色的对比。1925 年香奈儿首次推出双 C 标志，其黑色字体放置在白色背景上能立即被辨认出。对于香奈儿来说，黑色和白色的组合是一种纯正的和谐。

香奈儿的经典造型是单色的：带有对比色饰边的黑色或白色粗花呢夹克以及相匹配的衬衫，黑色裙子或裤子搭配白色衬衫，或黑色连衣裙搭配闪亮的白色装饰。这种黑色和白色的组合成为香奈儿设计的一个主要特征，而其中最引人注目的或许是那件带着一串闪亮白色珍珠的小黑裙。

香奈儿的单色色调在 20 世纪 20 年代变得非常流行，因为它反映的流线型设计和几何图形才是装饰艺术运动的关键。

1926 年，香奈儿用一颗黑珍珠和一颗白珍珠开创了不对称耳环的潮流。她在早期的室内设计中也使用了黑色和白色。1915 年她在比亚里茨（Biarritz）的新高定服装店内使用了黑粗字体，在一众传统店面中脱颖而出。同样的，在 1919 年 12 月男孩卡柏去世后，她将巴黎郊区别墅的百叶窗涂成黑色以示哀悼。

除了使用黑白颜色的习惯是修女在修道院生活时的象征意义之外，这种对比也反映了香奈儿希望在她的整个职业生涯中将“相对贫穷”的元素结合到她的作品中。从她作为设计师的早期开始，一件带有鲜明白色领子和袖口的简单黑色连衣裙就成为香奈儿造型中不可或缺的一部分，这些都让人联想到女仆、女服务员或修女的形象。这些黑白色搭配的连衣裙同样也受到了花花公子们穿着风格的影响——让人联想到黑色礼帽和燕尾服，搭配清爽的白衬衫。

→ 1960 年，可可 · 香奈儿位于康朋街的精品店外。自 1910 年首次推出以来，香奈儿品牌就以大胆鲜明的单色标志为特色。

CHANEL

重新打造你的配色

从让她想起奥巴辛修道院的石墙和神圣遗迹上的中性米色和金色色调，到象征力量和勇气的深血红色，可可·香奈儿始终坚定不移地使用主色调。

虽然漆黑和纯白是香奈儿品牌一直以来最具标志性的颜色，但香奈儿也被红色、玫瑰粉色、金色、米色和灰色这些特定颜色所吸引。她一遍又一遍地重复使用这些色调。这些颜色组合首次出现于 1916 年，当时她推出了自己的比亚里茨系列，这一系列以她反复使用的勃艮第红、白色、米色和灰色的针织连衣裙、短裙与宽松连衣裙为代表。

灰色作为黑色和白色的混合，创造了一种更柔和的单色色调，可以增强其他颜色的效果。可可·香奈儿将灰色用于制作女修道院制服样式的连衣裙，或者用于粗花呢外套和斗篷，内里采用对比色鲜明的丝绸衬里。

香奈儿也喜爱玫瑰粉色，她用玫瑰粉色制作温柔又女性化的日常针织连衣裙，也是她男性化造型设计的一部分。她在 20 世纪 30 年代设计的粉红色薄纱和蕾丝礼服，更加突出了它们轻盈如空气的外观，也完美地诠释了这十几年浪漫和逃避现实的情绪——对大萧条的动荡和因大规模骚乱而导致新的全球性冲突的反应。

金色始终都是香奈儿造型中完美的点睛之笔，例如在她西装上那些亮眼的镀金纽扣和编织镶缀，以及她喜欢融入的链条等细节。这让香奈儿回想起她在游访威尼斯时看到的拜占庭珍宝和她喜爱的巴洛克艺术，她在康朋街的公寓墙壁甚至闪着金色光芒。

→ 米色也是香奈儿最常使用的主要颜色之一。香奈儿在她设计的系列服饰中多次使用这种颜色。它是一种平和的中性色，与黑色形成对比，也被用于 2019 年春夏系列。

CHA
NEL

← 由维吉妮·维娅为香奈儿 2019—2020 年秋冬高级定制时装秀设计的血红色天鹅绒定制礼服。

“红色，是血液的颜色，
我们的内在已拥有如此之多，
外面只需要展露一点就可以。”

可可·香奈儿

1923 年 8 月，《纽约时报》写道：“棕色和米色是香奈儿经常使用的主要颜色。”米色的暖色调来自奥巴辛修道院的天然石墙和奥弗涅（Auvergne）地区泥土的颜色。米色的中性有利于中和极端的黑色和白色。香奈儿也经常使用米色与黑色的对比，就像她在 1957 年首次推出的双色鞋一样，米色有助于在视觉上拉长腿部线条。

在 20 世纪 20 年代初期，米色和红色成为最受欢迎的颜色，有时它们会组合成具有装饰艺术风格的几何图案。香奈儿解释了她的这种偏好：“我选择米色，因为它很自然，没有被侵染过。红色，是血液的颜色，我们的内在已拥有如此之多，外面只需要展露一点就可以。”

香奈儿在 20 世纪 20 年代将红色用于天鹅绒外套和宝石红的宽松连衣裙上，并在 20 世纪 50 年代用作柔软的粗花呢夹克的奢华丝绸里衬。随着年龄的增长，她总是涂上一抹红色的口红，因为她认为红色可以作为女性发动“进攻”时的“盔甲”。

追求优质面料

“奢侈品必须是舒适的，否则就不是奢侈品。”可可·香奈儿说。每一种被香奈儿亲自挑选中的纺织材质都是因为它可以增强服饰的设计感。香奈儿在她华丽的礼服上使用了双绉，并带有蕾丝和薄纱。她在针织衫中融入了金属色蕾丝和珠饰，营造出闪亮夺目的效果。她用丝绸丰富了针织衫，使其更加奢华。

平纹针织面料是香奈儿早期做服装设计师时的标志性材料，当时使用这种原本作为男士内衣的面料是一个大胆的尝试。通过刺绣和精心剪裁，她提升了平纹针织面料的地位，因为香奈儿喜欢它的触感和垂坠的质感。20世纪20年代，香奈儿用标志性的长款开衫和毛衣搭配褶裙，采用平纹针织面料和费尔岛图案的编织面料制成；一侧光滑，另一侧有纹理。

香奈儿在1923年遇到西敏公爵后，激起了她对粗花呢的热情。结实的狩猎夹克是英国贵族制服的重要元素，她在公爵的高地庄园借用了他的粗花呢夹克。受到粗花呢的舒适性和耐用性的启发，香奈儿也为自己的成衣作品挑选优质的粗花呢。她说：“我从苏格兰带来了粗花呢，粗花呢开始取代绉丝和薄纱。我从批发商那里寻找天然的色调，我希望女性受到自然的引导，遵循本性。”

20世纪20年代初期，香奈儿意识到制作自有纺织品会提升她的客户购买动力，因此创建了自己的纺织工厂——香奈儿针织。除了委托新的设计师外，香奈儿还会把控面料的质量。她从制造商威廉·林顿（William Linton）那里引进了粗花呢，并于1930年与英国棉花公司弗格森兄弟（Ferguson Brothers）合作。

→ 合适的面料对香奈儿来说至关重要，因为面料的质地和重量与她的设计是相辅相成的。她可以通过触摸来判断它是来自意大利的轻质粗花呢，还是来自苏格兰的更结实、厚重的粗花呢。

不要忘记配饰

香奈儿的职业生涯开始于配饰设计师，她为上流社会的女士们设计了造型更为简单的帽子，适合在比赛中佩戴。随着进入高级定制时装领域，她仍然看重配件对服装进行最后润色点睛的重要性。

可可·香奈儿在 20 世纪 50 年代推出的制作精湛的包袋和鞋子，因其完美的搭配性，一经推出就备受追捧。以 1955 年 2 月发布日期命名的 2.55 包，因其标准化的特征，立即成为可识别的高品位标志。它有一条链带，这个链子的细节后来成为香奈儿时尚中珠宝、腰带和手袋的重要组成部分。

香奈儿于 1957 年推出的米色和黑色搭配的双色鞋颠覆了传统。平底、低跟、轻便的香奈儿鞋是细高跟鞋的“解药”，双色调让人想起 20 世纪 20 年代的威尔士亲王（Prince of Wales）和西敏公爵。

也是在这十年里，香奈儿推出了她的第一个人造珠宝系列。相比昂贵的宝石，她更喜欢人造珠宝。在第一次世界大战期间，炫耀财富被认为是华而不实的，而像保罗·波烈这些设计师，他们在设计中就使用了人造珠宝，但香奈儿将它发展为一种更为别致的风格。香奈儿的非常规设计使得女性可以在白天甚至在游艇上佩戴层叠的珠宝搭配开衫和裙子，而在晚装的搭配中进行精简。她说：“如果有珠宝，那一定有很多。如果都是真的珠宝，就太过浓丽花哨了，显得品位很差。我制作的珠宝是假的，但它们非常漂亮，甚至比真的更漂亮。”

→ 香奈儿经常为自己的配饰做模特。在这张由罗伯特·沙尔（Robert Schall）于 1938 年在巴黎拍摄的照片中，她戴着一顶以她在西敏公爵的游艇“飞云号”上生活时汲取灵感而设计的游艇帽，以及她与富尔科·迪·佛杜拉（Fulco di Verdura）合作设计的珍珠项链和白色珐琅马耳他十字手镯。

“如果有珠宝，那一定有很多。
如果都是真的珠宝，
就太过浓丽花哨了，
显得品位很差。
我制作的珠宝是假的，
但它们非常漂亮，
甚至比真的更漂亮。”

→ 1994 年，琳达 · 伊万格丽斯塔（Linda Evangelista）背着超大粉红色绗缝包，拿着墨镜，扎着腰带，与 20 世纪 90 年代的香奈儿糖果色美学相得益彰。

最具标志性的“香奈儿配饰”是她的香水。她是最早推出自己品牌香氛的设计师之一，从 1921 年标志性的香奈儿 5 号开始。因为她相信任何礼服最基本的点睛之笔都是香味，甚至宣称“不喷香水的女人没有未来。应该在任何你希望被亲吻的地方喷香水”。

俄罗斯调香大师恩尼斯 · 鲍（Ernest Beaux）在他位于法国南部格拉斯（Grasse）的实验室中帮助香奈儿创造了她设计的第一款香水。可可 · 香奈儿希望它能融合花香，并像丝绸礼服一样贴近皮肤。这是通过恰当地使用醛类实现的。恩尼斯 · 鲍给了香奈儿十种香味的选择，她选择了第五个，这是她的幸运数字；这也使它听起来像一个科学样本。

香奈儿 5 号的玻璃瓶简洁而现代，就像男士洗漱用品的瓶子，很符合当时的装饰艺术风格。这款香水于 1921 年一经推出就被认定为市场上最独特的香氛，香水的女售货员们在香奈儿沙龙里喷洒它，以吸引富有的顾客。她的第二款香水 N° 22 于 1922 年推出，随后是 1925 年的栀子花、1926 年的岛屿森林和 1927 年的俄罗斯皮革。

从过去的成功中获益

香奈儿作为世界顶级的设计师长达七十多年之久，部分原因在于她创作的一致性。香奈儿在她的设计中创造了一系列规则，打造出了一套套永不过时的制服：简单的针织衫，开衫式夹克和及膝裙的花呢套装，小黑裙，加上搭配的珍珠琏饰，所有这些都可以让女人感到舒适、轻松和美丽。到 20 世纪 60 年代，香奈儿已经制定了一套完善的“公式”，可以满足那些希望拥有香奈儿魅力客户的期望。她曾经说过：“穿着破旧，他们记得那件衣服；穿着无可挑剔，他们记得那个女人。”

1954 年 2 月 5 日，时尚编辑和买手们聚集在康朋街 31 号，期待着 71 岁的香奈儿近十五年来的第一个作品系列。她的这次设计仅仅是对她在 20 世纪 20 年代所创作的风格的致敬，这不禁有些令人失望，但美国女性很快就开始欣赏并喜爱她这些夹克、短裙和简洁款连衣裙的精巧和优雅。《Elle》的编辑艾莲娜 · 拉扎蕾夫（Hélène Lazareff）预言这套西装将成为“现代女性的战袍，她们穿着这样的服装可以去投票，去挣钱。她们没有时间可以浪费”。

香奈儿套装变成了制服，就像小黑裙一样。这是她一次又一次对自己风格的回归，因为她知道这是成功的秘诀。“服装的优雅来自于行动的自由。”她说。

几十年来穿着香奈儿套装的顾客都知道他们得到了什么。即使在 20 世纪 60 年代，当伊夫 · 圣 · 罗兰、安德烈 · 库雷格斯（André Courrèges）和帕科 · 拉

→ 在 2018 年 10 月的巴黎时装周上，黑色连衣裙、绗缝手提包、铐式手镯和光芒闪亮的香奈儿标志腰带是香奈儿经典美学的一次转折。

CHANEL

→ 香奈儿 1998 年春夏高级定制时装系列，经过改版的经典白色沙滩睡衣、珍珠项链和米色开衫夹克。

↘ 1962 年 8 月，摄影师道格拉斯 · 柯克兰（Douglas Kirkland）在香奈儿康朋街工作室记录她的工作日常。79 岁的香奈儿仍然坚定不移地追求完美。她会调整每件衣服，精确地固定和折叠，以确保它们都恰到好处。他回忆道："她工作的时候总是很安静，没有喋喋不休的声音，气氛中充满了崇敬和专注。"

巴纳（Paco Rabanne）等年轻时尚的设计师们尝试新的服饰造型和纺织材质时，香奈儿仍然坚持她最熟悉的东西，顽固地将衣裙下摆保持在膝盖处。在摇摆不定的 20 世纪 60 年代，这似乎已经过时，但到了 1970 年，香奈儿的经典风格为那些厌倦嬉皮风和现代风格的人带来了正确的指引。

她坚信她有责任继续打磨她的经典款式，这样女性就可以获得精心制作的服装，给她们带来更多的自由和自信。

1960 年贝蒂娜 · 巴拉德注意到，"香奈儿造型"始终如一，这也正是女性想要的。她在 1954 年的非凡回归——一次持久的回归——更多地是因为女性们对可可 · 香奈儿一直理解和制造出的自信服装的真正渴望，而不是她为时尚带来的任何惊人的创新。

"穿着破旧，他们记得那件衣服；
穿着无可挑剔，他们记得那个女人。"

可可 · 香奈儿

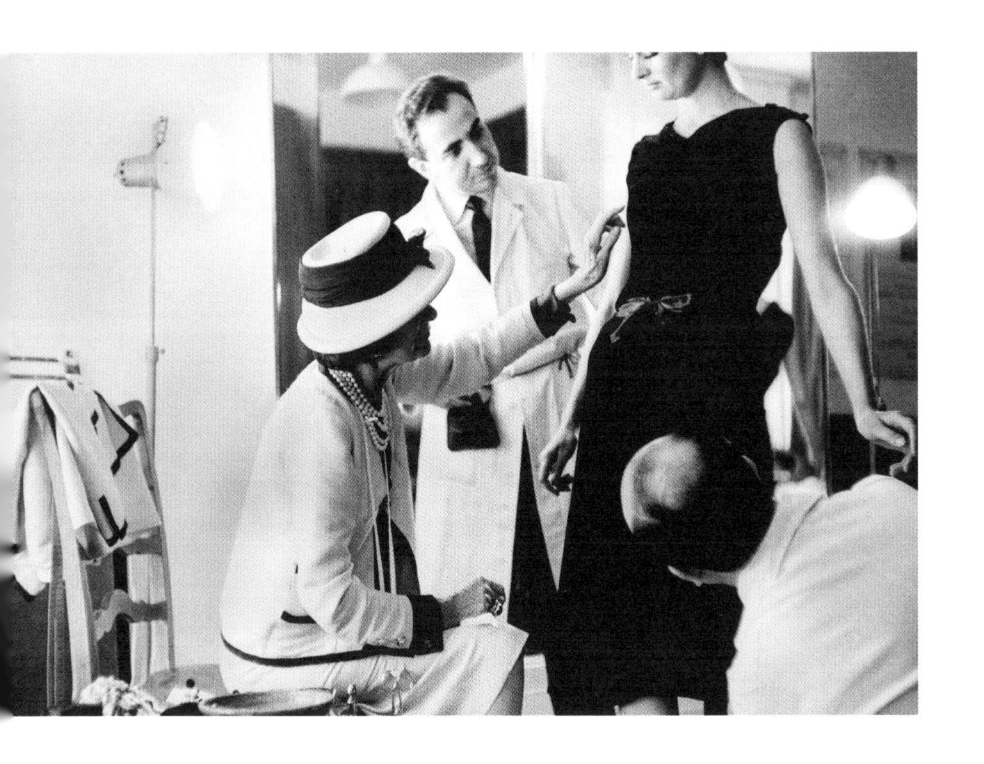

The Inspiration

灵感来源

不要忘记过去的经历

位于奥弗涅地区，偏远的被栗树和松树覆盖的山丘中的奥巴辛修道院是香奈儿创作灵感源泉的关键。

香奈儿的父亲是一名流动商贩，她幼年在繁华集镇的廉价出租房中度过，那里到处都充斥着商人的声音。可可·香奈儿十二岁那年，在她的母亲离世后，她和两个姐姐一起被送到修道院。与和父母在一起时的漂泊生活相比，修道院安静而沉稳，这塑造了她对简单、纯净和秩序性的热爱。她对黑色和白色的喜爱也可以追溯到西多会修道院的单色物品。黑色是修女们最常用的颜色，也是修道院黑暗角落的颜色；白色是在洗衣房里洗过的床单和衬裙的颜色；米色是修道院墙壁天然石材的颜色。

她在1937年推出的著名的白色珐琅手链系列中的念珠式项链、天体珠宝和马耳他十字架也可以追溯到这个时代，还有新月、五角星和八瓣花，这些形状的灵感都来源于修道院走廊的石头马赛克。修道院无色窗户中的简单图案遵循了西多会质朴的教义，这甚至也激发了香奈儿双C标志的灵感来源。

曾任法国版《Vogue》时尚杂志编辑的埃德蒙·夏尔－鲁（Edmonde Charles-Roux）写道：“每当她开始向往朴素，向往极致的洁净，向往用黄色肥皂擦拭的脸庞时；或者谈及对所有白色、简单和干净的东西，堆在橱柜里的亚麻布，粉刷过的墙壁的怀旧情结时……人们必须明白这是她在说一个密码，而且她说的每一个字都只意味着一个词：奥巴辛。”

→ 来自2015年12月在罗马举行的香奈儿高级手工坊系列时装秀。可可·香奈儿经典的黑色连衣裙搭配颜色对比鲜明的白色领口的设计美学，参照了她度过童年时光的奥巴辛修道院里的女学生的穿着风格。

“人们必须明白这是她在说一个密码，而且她说的每一个字都只意味着一个词：奥巴辛。”

法国版《Vogue》时尚杂志编辑埃德蒙·夏尔－鲁

香奈儿的上流社会的客户不太可能理解她隐藏在设计背后的动机。可可·香奈儿一直对自己的童年保密，因为她出生时父母并未结婚，所以她担心自己会被认为是私生子。然而，她即兴创作，就像现实生活中的盖茨比一样，利用她的魅力进入上流社会。她将修女的形象重新想象为穿着黑色衣服的未婚姑妈，并回忆说是她们教她在晚礼服上缝制和刺绣。她称赞姑妈们做事情很有秩序性，“她们把事情做得井井有条，将好闻的床单装满了箱子，将地板擦得闪闪发光”。

← 受到奥巴辛修道院符号的启发，在香奈儿 2020—2021 年秋冬时装秀中，马耳他十字架出现在袖口的铐式手镯和腰带上。

运用你的社交圈

当可可·香奈儿跟随艾提安·巴勒松从穆兰来到他巴黎郊外的皇家领地城堡时，她发现自己置身于一个满是女演员、贵族运动员和交际花的社交圈。巴勒松在皇家领地城堡的客人中有他的情妇——埃米莉安娜·达朗松，一位有名的交际花，同时也是比利时国王利奥波德二世（King Leopold II of Belgium）的前情妇。

香奈儿穿着简单的夹克，戴着平顶草帽，看起来非常与众不同，就像一个女修道院的学生而不是一个受约束的女人。在看到香奈儿装扮过的帽子之后，埃米莉安娜非常喜欢，并选择戴着同样的草帽参加比赛。它的简洁风格与当时流行的繁复炫耀截然不同，其他交际花也立刻被吸引，她们想知道埃米莉安娜是从哪里得到这样的设计的。香奈儿从巴黎老佛爷百货公司采购了一批平顶草帽，以满足这些交际花们的购买需求，她用丝带或帽针装饰平顶草帽，创造了“只需在上面加一点简单装饰”的设计理念。

香奈儿希望自己能独当一面，而不是像交际花那样依赖他人。她说服巴勒松将他位于巴黎马勒泽布大道160号的单身公寓给她，用来售卖她的帽子。她的客户中有巴勒松的女演员朋友，例如嘉柏丽尔·多兹娅（Gabrielle Dorziat），她在《漂亮朋友》（Bel Ami）的舞台上出现时戴着香奈儿的帽子。1913年，香奈儿为女演员苏珊·奥兰迪（Suzanne Orlandi）制作了她的第一件连衣裙——一件简单的深色天鹅绒连衣裙，搭配对比鲜明的白色领子。

香奈儿经常利用她社交圈里的女演员来帮助推广她的帽子和服装。1909年9月，当红舞台明星吕西安娜·罗杰（Lucienne Roger）在时尚杂志《喜剧

→ 交际花和舞台明星埃米莉安娜·达朗松是最早爱上可可·香奈儿的设计的巴黎女性之一。

FOLIES-BERGÈRE
Emilienne
d'Alençon
TOUS LES SOIRS

“我运气很好，我和知名人士一起出去。每个人都极度欢喜。”

可可 · 香奈儿

插画》（Comoedia Illustré）的封面上戴着香奈儿的帽子。这是一个非常有效的宣传，事实证明这种方式非常受欢迎，以至于在接下来的一期杂志中，香奈儿被邀请为她自己的两个设计作品做模特。1911 年 1 月，女演员让娜 · 迪里斯（Jeanne Dirys）出现在《喜剧插画》的封面上，由保罗 · 艾里布（Paul Iribe）绘制，后者之后成为香奈儿的情人。“我运气很好，”香奈儿后来回忆道，“我和知名人士一起出去。每个人都极度欢喜：‘你在哪里找到那顶帽子的？那件衣服是谁做的？’”

巴黎上流社会的女士们对这个赢得了艾提安 · 巴勒松和男孩卡柏的爱情的小女孩充满好奇。1910 年 1 月，当可可 · 香奈儿的第一家精品店——香奈儿时尚在康朋街开业时，她们蜂拥而至。

← 莉莉 - 罗丝 · 德普（Lily-Rose Depp）是卡尔 · 拉格斐的当代缪斯之一。她在 2017 年巴黎时装周的香奈儿春夏秀上作为模特，身穿一件盛大的泡泡款粉红色婚纱。

她的沙龙逐渐成为富人们和社会上流人士常去的热门地点。香奈儿通过戴安娜 · 库珀夫人（Lady Diana Cooper）和伊娅（Iya，Lady Abdy）等社会名媛来进一步宣传她的设计。西敏公爵的朋友薇拉 · 贝特（Vera Bate）被聘请为模特和公关专家，香奈儿利用她与英国贵族这一宝贵的社会关系，帮助推广香奈儿的设计。香奈儿说她“雇用”这些上流社会人士，“因为他们对我有用，因为他们能够在全巴黎为我和我的品牌代言”。

香奈儿在皇家领地城堡时，被美好年代时期穿着精美的女性包围着，这也激发了她之后的设计灵感。20 世纪 30 年代，当世界都在崇尚浪漫以逃避大萧条的现实时，香奈儿回想起她在赛马场与交际花们在一起的日子。虽然当时她非常抗拒那些受限制的、过于华丽的时尚，但现在她通过长款薄纱和蕾丝礼服向彼时的时尚致敬，这是战前自我麻痹的现代化版本。

使用自己的形象

香奈儿意识到要取得成功，需要的不仅仅是一个名字，还必须建立公众形象。从做帽商的那段时间开始，香奈儿就利用自己优雅时髦的形象和活泼的性格特征，通过在杂志上为帽子做模特来推销她的设计。“在看台上，人们开始谈论我那令人惊叹的、与众不同的帽子。”她回忆道，“我是令人好奇的‘怪物’，那个头戴平顶草帽，头紧贴着肩膀的小女人。”

香奈儿作为男孩卡柏的情人，在杜维埃被认为是穿着考究的游客，同时也是一种“罕见的生物”——一个独立的女人。她也因为这样的形象而声名远播。她被《费加罗报》（Le Figaro）上的名人漫画家塞姆（Sem）画了下来，男孩卡柏被描绘成一个在打马球的人头马形象。“我成了名人，并且……我开创了一种时尚——女装设计师成为明星。这在之前的时代是不存在的。”

当开着劳斯莱斯来到她的沙龙时，香奈儿就是成功的缩影。她提倡的生活方式吸引了最富有的女性，她们非常愿意花钱购买香奈儿品牌。她用她的现代感、短发和苗条的身材创造了一种风格，这种风格抓住了她自己的本质——自由。

在 1914 年之前，女性的身材是更圆润的，她们的身体被紧身胸衣勒紧，而香奈儿因推出定义了直线宽松轮廓的新形态服饰而受到赞誉。“通过发明针织服装，我解放了女性的身体，我摒弃了腰线……我创造了一种新的衣型。为了顺应它，同时也在战争的帮助下，我所有的客户都变得苗条了。女性们都来找我买能展现她们苗条身材的服装。”

香奈儿是第一位女性设计师，她的名字令人兴奋，她的爱情故事登上过头条新闻，例如 20 世纪 20 年代中期对她与西敏公爵订婚的预测。很少有设计师

→ 在香奈儿 2001—2002 年秋冬时装秀上，香奈儿的波普艺术照片被印在条纹毛衣上，因为她的形象和衣服本身一样令人渴望。

会在社会新闻版面上与客户一起被报道。1924 年，《Vogue》时尚杂志描述了香奈儿如何穿着“她客户喜欢的，同时也令她自己看起来非常时髦的设计……她的大胆令人钦佩，她值得收获成功的掌声！”。

为开拓创新发声

香奈儿曾经说过："时尚应该表达地点和时刻。"这就是商业格言"客户永远是对的"的确切含义所在。她也表明，时尚就像机会一样，都是转瞬即逝的需要紧紧抓住的东西。

可可·香奈儿是一位女服装设计师，她对客户的需求有着与生俱来的洞察力，甚至在客户提出要求之前，她就能够提前考虑到。1906 年，当她第一次抵达巴黎时，她看到那些身穿带有蕾丝和大荷叶边的衣服，佩戴精致帽子的女性。她说："我感觉到女性厌倦了那些可笑的装饰和烦琐的零碎物品，解决这些问题的答案就是简单的衣服，"她补充说，"我想去除限制性的内衣，因为女性被囚禁在紧身胸衣中是无法工作的。"

当她穿着带有紧身胸衣的蓝白相间礼服，在巴黎咖啡馆与男孩卡柏共进晚餐时，亲身体验到了这一点。紧身胸衣的束缚使她吃完饭后就不得不马上解开它，这时扣子已经没办法再扣上了。由于害怕会在公共场合出丑，她发誓以后绝不会再穿紧身胸衣。

第一次世界大战期间，香奈儿的针织衫设计吸引了凯蒂·德·罗斯柴尔德夫人（Lady Kitty de Rothschild）、安托瓦妮特·伯恩斯坦（Antoinette Bernstein）和巴黎最佳女主角塞西尔·索雷尔（Cécile Sorel）等贵族，因为它们既适合战时紧缩的生活状态，又具有实用性，却也不乏奢华感。在巴黎，香奈儿精品店位于丽兹酒店附近的绝佳位置，因为这家酒店拥有巴黎最好的室内暖气，是女士们享用午餐和约见聚集在那里的盟军军官的热门场所。当他们闲

→ 意大利伯爵夫人、时尚编辑孔苏埃洛·克雷斯皮（Consuelo Crespi）展示了香奈儿套装如何完美地适合 20 世纪 50 年代的独立女性。

CHANEL

← 2012 年的原宿风格偶像山上（Yamain）。正如可可 · 香奈儿从她周围的事物中汲取灵感一样，香奈儿的作品经过改造和甄选，创造出独特的街头风格。

“时尚应该表达地点和时刻。
时尚就像机会一样，
都是转瞬即逝的需要紧紧抓住的东西。”

可可 · 香奈儿

逛到她的精品店时，香奈儿会倾听他们的谈话，了解他们的需要，例如战争结束后的保暖外套和运动连衣裙。

直到因第二次世界大战爆发而自行关停业务之前，香奈儿一直创造着适合时代趋势的充满自由氛围的服装——20世纪20年代的运动休闲服和针织短裙。更具女性风韵的礼服让人们逃离混乱的20世纪30年代，而实用性更强的套装则更加适合忙碌的女性。

香奈儿于1954年推出的复出系列，最初受到了法国时尚媒体的质疑，但她实用性的设计为女性们从迪奥精心打造的新风貌中逃离提供了喘息之机。“极致凸显女性气质的服饰已经过时了。”《Vogue》时尚杂志编辑帕特 · 坎宁安（Pat Cunningham）在谈到战后时尚时说，“你需要马车行李箱来装大蓬裙，需要女仆来修整装饰品和衬裙。显然，香奈儿的简洁服装更可以满足现代的需要。”

将爱情的影响融入创作

香奈儿喜欢从她爱人的衣橱汲取创作灵感。他们都是上流社会中非常富有的人，也是马球运动员和乡村运动爱好者。他们送给她宝石和珍珠项链，但是香奈儿却在他们用于保暖的花呢夹克或穿去参加运动的针织毛衣等衣服上探索出了更大的价值。

香奈儿第一次被男性服装吸引是她在皇家领地城堡的时候，在那里她借了艾提安·巴勒松的衬衫和领带穿去骑马。她将这些衣服重新剪裁以更适合她的身材。一次，她在杜维埃看男孩卡柏打马球时感到一阵寒冷，于是她穿上了他的针织马球衫，用手帕作为腰带，卷起袖子。这样的装扮激发了她创造自己的女性化毛衣和高领毛衣的灵感。

香奈儿与伊戈尔·斯特拉文斯基和狄米崔·帕夫洛维奇大公的恋情影响了她于 1923 年推出的俄罗斯系列，这一系列中复杂的刺绣以及之后在 1927 年推出的俄罗斯皮革香水，都是对俄罗斯风格的致敬。香奈儿对 1917 年革命后来到巴黎的俄罗斯贵族异常着迷。她说："每个西方人都应该被'斯拉维奇魅力'折服，去深刻理解它究竟是什么。我被它迷住了。"

通过男孩卡柏，香奈儿学会了上流社会的生活规则；当她与西敏公爵交往时，她热情地投身于乡村生活。她喜爱英国贵族们世代相传的粗花呢，熨烫得无可挑剔的衬衫和抛光鞋，这些都是他们对彼时的时尚潮流经典的演绎。

在西敏公爵广阔的雷伊森林庄园（Reay Forest Estate），香奈儿借穿了公爵的狩猎夹克。她受到启发，将这种

→ 香奈儿与西敏公爵的恋情促成了她与苏格兰持续一生的联结，正如 2012 年在林利思哥宫（Linlithgow Palace）举行的高级手工坊系列时装秀上展示的苏格兰花呢和格子呢。

“当女人剪短她的头发，
就是她改变生活之时。”

↑ 香奈儿在 1929 年作为自己设计的长款粗花呢开衫和褶裙的模特。这一设计深受西敏公爵粗花呢狩猎夹克的影响，反映了她对英式造型的喜爱。

服装风格融入她自己的设计中。在 20 世纪 20 年代后期，她创造了一种更柔软的、开衫式的粗花呢夹克，并搭配褶裙和珍珠项链作为她的日常休闲装束。

因为香奈儿无法保证为公爵生育一位男性继承人，公爵娶了另一个女人。此时，她声称对他肮脏的富裕生活方式感到厌烦。“上帝知道我想要爱情。但当我不得不在我爱的男人和我的裙子之间做出选择的那一刻，我选择了裙子。”香奈儿说。

传达你的艺术气质

从第一次搬到巴黎时起，香奈儿的生活就是进步、独立和性解放的。她前卫的风格使她进入了立体派、超现实主义者、现代主义者和未来主义者的圈子，这个圈子包括巴勃罗 · 毕加索、让 · 科克托、伊戈尔 · 斯特拉文斯基和皮埃尔 · 勒韦迪（Pierre Reverdy），被称为六人团的作曲家团体，以及她最亲密的女性朋友米西亚 · 塞特等诸多名人。

这个社交圈不仅是在奢华的化装舞会上和艺术家聚会的场所中相互交际，他们还会合作创作前卫的歌剧和芭蕾舞剧。1922 年，让 · 科克托请求香奈儿为他改编自《安蒂岗妮》（Antigone）的舞台剧设计服装，因为香奈儿"是我们这个时代最伟大的女装设计师，无法想象俄狄浦斯的女儿们的穿着很糟糕"。她为科克托 1924 年的《蓝色火车》（Le Train Bleu）设计了演出服装，这个舞台剧同样以毕加索设计的舞台幕布和布罗尼斯拉娃 · 尼金斯卡（Bronislava Nijinska）的编舞为特色。

在香奈儿的一生中，她一直是艺术的使者。她非常慷慨，在经济上支持科克托并资助斯特拉文斯基和谢尔盖 · 迪亚吉列夫的作品，包括资助 1920 年《春之祭》（The Rite of Spring）的重新上演。她与让 · 雷诺阿（Jean Renoir）合作，为《衣冠禽兽》（La Bête Humaine，1938）和《游戏规则》（La Règle du Jeu，1939）设计服装，在剧里面她让法国贵族人物都穿上了粗花呢狩猎服。

香奈儿也非常支持罗杰 · 瓦迪姆（Roger Vadim）、弗朗索瓦 · 特吕弗（François Truffaut）和卢基诺 · 维斯康蒂（Luchino Visconti）等电影导演，为新浪潮电影提供服装。香奈儿说："金钱使我们可以帮助自己崇拜的人……我

↑ 1939 年，香奈儿为萨尔瓦多·达利（Salvador Dalí）的《酒神祭》（Bacchanale）芭蕾舞剧设计的服装刊登在《Vogue》时尚杂志上。这两位艺术家是好朋友，达利于 20 世纪 30 年代在可可·香奈儿位于法国里维埃拉的故居绘制了他最重要的一些作品。

给了俄罗斯芭蕾舞团很大的帮助，我只确认了一件事：没人知道这件事。”

唤醒开拓者

在20世纪20年代放荡不羁的巴黎，香奈儿受到了城市里向往不羁生活态度的女性的仰慕，如塔拉·德·莱姆皮卡（Tara de Lempicka）、维奥莱特·穆拉特公主（Princess Violette Murat）、南希·库纳德（Nancy Cunard）和黛西·法罗斯（Daisy Fellowes）。当她们穿着美丽的香奈儿礼服出现在人群中时，这座城市因她们令人震惊的姿态和行为而变得激昂起来。

好莱坞女演员露易丝·布鲁克斯的短发、宽松飘逸的裙子和一串串颜色鲜明的珍珠项链搭配黑色礼服，都充分体现了香奈儿设计的清新简洁的现代感。这完全归功于香奈儿的形象。社会名流博尼·德卡斯特兰（Boni de Castellane）说："女人不再存在，剩下的就是香奈儿创造的男孩们。"

正如香奈儿激发了富有的、美丽的和才华横溢的人对美的探索一样，她也期待着他们的回赠。在20世纪20年代，香奈儿让好莱坞女演员为她的衣服做模特，因为她有远见，能够把握好莱坞女演员们在国际头条新闻上的吸引力。艾娜·克莱尔是前齐格菲歌舞团（Ziegfeld Follies）的合唱团女孩，被誉为好莱坞的下一位巨星，自1926年以来她一直是香奈儿的客户。与此同时，香奈儿聘请她为那些华丽的礼服和量身定制的西装做模特，用以在美国宣传。这位女演员在1930年的电影《百老汇的王室家族》（The Royal Family of Broadway）中穿着一件香奈儿设计的装饰有红色狐狸毛围脖的黑色露背晚装。

→ 1928年的爵士时代明星露易丝·布鲁克斯，她的短发、黑色连衣裙和一串珍珠项链的搭配代表着香奈儿造型的标志性形象。

香奈儿意识到了为电影明星提供服装的好处。好莱坞试图将自己打造成世界时尚之都，希望设计师能为银幕上的服装带来一种权威感。1931 年，香奈儿与塞缪尔·高德温（Samuel Goldwyn）制片公司签订了一份价值 100 万美元的合同，她来到好莱坞发展。在那里她受到了包括玛琳·黛德丽、葛丽泰·嘉宝（Greta Garbo）和凯瑟琳·赫本在内的当时最当红明星的欢迎。香奈儿非传统的和中性的服装风格受到三位女明星的称赞。当嘉宝评论说“没有你，我不会因为带小帽子和穿雨衣而取得成功”时，香奈儿尤为高兴。

香奈儿为三部电影设计了服装：巴斯比·伯克利（Busby Berkeley）编舞的音乐片《全盛时期》（Palmy Days）；艾娜·克莱尔饰演三位挖金合唱团的女孩之一的《希腊人有一种说法》；《莫忘今宵》中，她为葛洛丽亚·斯旺森

“女人不再存在，
剩下的就是香奈儿创造的男孩们。”

博尼 · 德卡斯特兰

（Gloria Swanson）穿上黑色斜裁的礼服。香奈儿服装的优雅简洁在银幕上被认为不够轰动和吸引人，她很快就厌倦了这个电影圈。然而，好莱坞明星仍旧为她的设计着迷。1954 年她复出后，她的时尚沙龙吸引了当时最红的明星，如劳伦 · 白考尔（Lauren Bacall）、格蕾丝 · 凯利（Grace Kelly）和伊丽莎白 · 泰勒（Elizabeth Taylor）等。

↖ 琼 · 布朗德尔（Joan Blondell）、艾娜 · 克莱尔和玛吉 · 伊万斯（Madge Evans）在《希腊人有一种说法》（1932）的剧中照。香奈儿为艾娜 · 克莱尔设计的沙滩睡衣在被《Vogue》时尚杂志捧红后掀起了一股时尚潮流。

← 葛洛丽亚 · 斯旺森参观了香奈儿在康朋街的沙龙，为《莫忘今宵》（Tonight or Never，1931）试穿演出服装。虽然她创造了永恒经典的设计，比如这件黑色连衣裙，但这些服装却被认为不符合好莱坞的风格和品位。

驾驭戏剧性灵感

香奈儿本质上是个浪漫主义者，她对戏剧和艺术的热爱极大地影响了她的设计。香奈儿曾说：“我很幸运能读完所有这些书，因为我在一个非常浪漫的时间来到巴黎，那是属于俄罗斯芭蕾舞团的时代。”“当我看到迪亚吉列夫芭蕾舞剧时，我决定要住在这个我喜欢的地方。”

谢尔盖·迪亚吉列夫的俄罗斯芭蕾舞团在 1909 年进入巴黎剧院时引起了巨大轰动。充满活力的现代主义编舞和色彩缤纷的服装将观众带到遥远的地方，这对当时巴黎人们的社会品位产生了巨大影响。香奈儿陶醉于这些异域风情的景象，并造就了她对东方艺术和复杂细节的热爱，例如一些民间传说成为她的刺绣品的灵感来源。她用 18 世纪的红黑漆面乌木屏风装饰了她在巴黎的公寓，屏风上绘有穿着东方和服的女性，以及鸟、鱼和花。

1917 年俄国十月革命后，许多俄罗斯贵族和艺术家带着他们的民间传统和艺术逃往巴黎。香奈儿被斯特拉文斯基和迪亚吉列夫等俄罗斯移民所吸引。她在自己的商业业务中雇用了其中一些人，并将斯拉夫元素融入了她 1923 年戏剧性的俄罗斯系列中，这被认为是她自 1916 年的比亚里茨系列以来最重要的作品，其中包括带腰带的传统俄罗斯罩衫，条纹海魂衫，以及带有民间传统刺绣的天鹅绒或双纱衬衫。

香奈儿在创作她的第一个珠宝系列时查阅了历史书籍。受拜占庭风格和文艺复兴时期的影响，她的设计总是充满戏剧性，让人联想到伊丽莎白一世的画像中戴着多条珍珠项链，还有苏格兰玛

← 香奈儿 1993 年的秋冬系列展示了受拜占庭风格启发而设计的戏剧性时装。这些衣服闪烁着金色和银色的贴花，与她于 1923 年推出的俄罗斯系列如出一辙。

丽女王画像中的项链上挂着沉重的十字架。香奈儿设计的镶有宝石的十字架和闪亮的珍珠与她礼服的黑色丝绸或双绉形成鲜明对比。

20 世纪 30 年代的时尚强调夸张的女性化轮廓，香奈儿通过在夹克中插入垫肩以突出腰部曲线来加强这一点。1938 年，她从让·安东尼·华托（Jean-Antoine Watteau）18 世纪的画作中汲取灵感，创作了一套黑色天鹅绒的“华托式”套装，黑色与衬衫的白色荷叶边形成鲜明对比。作为 1939 年战争爆发前最后一次戏剧性的繁荣，香奈儿在许多爱国作品中使用了法国国旗的颜色——红色、白色和蓝色。

留意你所处的环境

虽然香奈儿的作品展现了巴黎的现代感和热情，但她的设计灵感也受到了她去过的其他地方的启发。

香奈儿于 1913 年在杜维埃开设了她的精品店。当时杜维埃是巴黎上流社会最常去的夏季海滩度假胜地，他们涌向那里的赛马场和赌场，享受诺曼底海岸线旁凉爽宜人的海风。“我来对地方了，一个机会在向我招手，我抓住了它。”她说，“服装需要的是简单、舒适、整洁：我无意中提供了所有这些。”

香奈儿旁观了在那儿的上流人士炫耀自己风格的方式，然后融入了她自己的革命性的风格，设计了实用并且易于穿着的高领毛衣、亚麻裙子和水手服。通过观察穿着条纹毛衣的水手和渔民，她设计了一个可以套头穿着的奢华女装版本。

香奈儿在 1923 年年末开始与西敏公爵约会后，她接触到了英国贵族的风格，此后她一直使用粗花呢制作她的夹克。当她于 1927 年在梅菲尔（May fair）中心开设伦敦时装店时，她创作了一系列时装以适应英国上流社会的日常穿搭：少女们参加正式舞会的礼服，出席赛马会的下午礼服，以及参观乡村庄园时的休闲运动装。

香奈儿是西敏公爵的游艇“飞云号”上的常客，船员们穿着的海军蓝和白色制服激发了她之后一系列的设计。她的白色裙子和上衣带有海军蓝的条纹，她还创造了自己的游艇帽。1926 年，《Vogue》时尚杂志在一艘游艇上扬起了海军风的时尚趋势，其中包括香奈儿的天然针织运动连衣裙搭配百褶裙和海军蓝条纹开衫。“海军蓝和白色是海军特有的颜色。”香奈儿曾经说过。

→ 威尼斯丽都启发了香奈儿设计出白色沙滩睡衣和条纹上衣的度假风格，这也是香奈儿 2010 年早春时装秀的背景。

“我来对地方了，
一个机会在向我招手，
我抓住了它。”

可可·香奈儿

→ 1928 年，香奈儿（右）与法国钢琴家玛塞勒 · 梅耶尔（Marcelle Meyer）在“飞云号”的甲板上，香奈儿展示了她的海军条纹百褶裙搭配开襟羊毛衫的游艇风格。

↙ 香奈儿在 2019 年 5 月巴黎时装周上的街头风。杜维埃、比亚里茨和威尼斯——三个在可可·香奈儿一生中占有特殊地位的地方。

威尼斯是另一个塑造香奈儿美学的地方。1920 年，她第一次与米西亚和若泽 · 塞特（José Sert）一起游访了这座城市，期望能借此从男孩卡柏死亡的打击中恢复过来，她在具有拜占庭风格的教堂和博物馆中找到了慰藉。她被这座城市的美丽所震撼，圣马可大教堂的金色，卡拉瓦乔和丁托列托画作中鲜活的色彩，以及在丽都岛和威尼斯城中充满魅力的狮子象征，都成为她之后个人创作的法宝。

虽然康朋街是香奈儿的精神家园，她从 1910 年起就在那里开设了一家沙龙，但她选择永久住在巴黎丽兹酒店，直到她在 1971 年去世。当她从酒店的窗户向外凝视旺多姆广场时，它的八角形状可能是她设计出简洁的香奈儿 5 号香水瓶的灵感。

感受太阳的能量

香奈儿一生都崇尚太阳。1915 年，她与男孩卡柏在圣让德吕兹（Saint Jean-de-Luz）的海滩上被拍到时，香奈儿穿着深色泳衣，这在当时被认为是非常危险的行为，因为人们认为女性在海滩上应该被包裹着，用遮阳伞遮住皮肤以防止晒黑，而晒黑是贫穷的标志，它意味着在户外工作。但对香奈儿来说，享受阳光是一段健康且奢侈的时光。在威尼斯丽都海滩上看到苍白的美国女孩后，她评论说："这些年轻女性会变得多么美丽……如果将她们的珠宝戴在被太阳晒过的古铜色皮肤上，将会多么闪亮。"

当时人们普遍在寒冷的冬季才会到里维埃拉游玩，香奈儿并不是第一个在盛夏去那里的人。她的灵感来自美国波西米亚人，如萨拉（Sara）、杰拉尔德 · 墨菲（Gerald Murphy）、弗朗西斯 · 斯科特 · 菲茨杰拉德（F. Scott Fitzgerald）和泽尔达 · 菲茨杰拉德（Zelda Fitzgerald），他们于 20 世纪 20 年代初在昂蒂布（Antibes）度过了夏天。男孩卡柏去世后，香奈儿去往法国南部，希望在那疗愈自己。她在温暖空气散发出的花香中寻求庇护，这为她的第一款香水 5 号带来了茉莉花、依兰、橙花和五月玫瑰香调。

香奈儿于 1923 年在戛纳开设了一家精品店，销售她的运动系列和沙滩装系列服饰，这使她进一步把握住了里维埃拉风格的精髓。1931 年香奈儿在威尼斯丽都被拍到穿着她自己设计的服装时，除了古铜色皮肤极为引人注目外，还同时引领了白色沙滩睡衣的时尚潮流。同年，《纽约时报》报道称："睡

→ 1937 年，可可 · 香奈儿与罗马公爵劳里诺（Duke Laurino）在威尼斯丽都穿着她广受欢迎的白色休闲裤和软木底高跟凉鞋。

“这些年轻女性会变得多么美丽……如果将她们的珠宝戴在被太阳晒过的古铜色皮肤上，将会多么闪亮。”

可可 · 香奈儿

衣似乎早已在时尚圈中根深蒂固……去年夏天已经看到人们穿着睡衣在比亚里茨和威尼斯丽都赌场外出就餐，今年夏天，它们被视为理所当然的度假服饰。”

香奈儿位于里维埃拉度假胜地的豪华法式别墅建于1929年，这个花园为她的创作进阶提供了设计灵感。她花园里薰衣草的紫色色调运用在此后一系列雪纺连衣裙和紫罗兰色天鹅绒套装中，地中海闪闪发光的蓝色则反映在许多深蓝色礼服上。

据她回忆，她发明软木底凉鞋是在威尼斯丽都岛上的某一个时刻被启发的。“我已经厌倦了在炎热的沙滩上赤脚走路，因为我的皮凉鞋烧着我的脚底。我让码头的鞋匠剪下一块类似鞋子形状的软木板，然后给它装上两条带子。”十年后，纽约阿伯克龙比（Abercrombie）的橱窗里满是软木底的鞋子。

→ 香奈儿受到地中海的蔚蓝色启发，设计了这套琳达 · 伊万格丽斯塔（Linda Evangelista）在1990—1991年巴黎秋冬时装秀上所穿的熠熠生辉的天鹅绒礼服。

拥抱热门新事物

正如可可·香奈儿是她自己服装的完美模特一样，香奈儿女性也体现了与设计师本人相同的精神——独立、休闲的优雅和自由奔放的美丽。当香奈儿选择自己的缪斯女神时，她常被那些具有颠覆性的女性所吸引。她们穿着与她一样风格的服装，并拥有同样轻松的姿态。

1954 年，除了法国模特玛丽－赫莲娜·阿诺德（Marie–Hélène Arnaud）外，她还选择了香奈儿品牌的忠实拥护者、头发火红的超模苏茜·帕克来主领她的复出系列。

香奈儿知道使用女演员和名人作为她作品的模特会为品牌带来强大的传播力，例如来自得克萨斯州的全美女孩苏茜·帕克必定会引起国际关注。在巴黎，苏茜·帕克穿着香奈儿复出系列中的海军蓝套装，自在地上下汽车，这种传播形式使得香奈儿很快成为忙碌的现代女性们的时尚设计师。之后，凯瑟琳·德纳芙（Catherine Deneuve）被选为香奈儿的代言人，因为她美丽、神秘并具有国际吸引力。

香奈儿为许多新浪潮电影提供服装，这是她对先锋派电影人表达支持的方式。香奈儿的缪斯包括欧洲电影制作中炙手可热的年轻人和事物。他们经常出现在康朋街的沙龙里。香奈儿称赞女演员罗密·施奈德（Romy Schneider）是她的“理想女性”，两人成为亲密的朋友，因为她们一起为在 1962 年卢基诺·维斯康蒂导演的《三艳嬉春》（Boccaccio'70）中的角色进行了长时间的试装。

→ 法国女演员让娜·莫罗是康朋街的常客，1958 年，她穿着香奈儿为她设计的服装出演路易斯·马勒（Louis Malle）的电影《情人》（The Lovers），这是她在著名的镜面楼梯上的照片。

“他们问我：‘你在床上穿什么？’
我回答说：‘香奈儿 5 号。’
因为这是真的。”

玛丽莲 · 梦露

新浪潮电影的宠儿让娜 · 莫罗是康朋街的另一位常客，她与香奈儿讨论文学，并喜欢浏览她的书架，书架上摆满了皮革精装书和皮埃尔 · 勒韦迪等朋友的首发版作品。让娜 · 莫罗在 1958 年首次为香奈儿做模特，当时她身着出演路易斯 · 马勒的电影《情人》的服装站在著名的镜面楼梯上，楼梯上的镜子将她的影像从各个角度折射，形成重复的破碎的画面。

法国女演员德尔菲娜 · 塞里格（Delphine Seyrig）在 1961 年的电影《去年在马里昂巴德》（Last Year at Marienbad）中穿着香奈儿的服装。在弗朗索瓦 · 特吕弗的电影《偷吻》（Stolen Kisses）中，康朋街精品店作为背景，塞里格在那里选择了一双米色拼配黑色的双色高跟鞋。

← 在玛丽莲 · 梦露（Marilyn Monroe）发表了那则著名的声明后，即她在床上只穿香奈儿 5 号，她就永远地与这种气味联系在了一起。1955 年，玛丽莲 · 梦露在纽约市的一系列照片也记录了她准备去剧院时的仪式：她拿着香奈儿 5 号的瓶子涂抹香水。

一方面，香奈儿在寻找她认为能体现香奈儿格调的女性；另一方面，世界上最著名的女性也被她所吸引。格蕾丝 · 凯利、劳伦 · 白考尔、杰奎琳 · 肯尼迪和伊丽莎白 · 泰勒穿着经典的香奈儿夹克，大方地使用香奈儿 5 号。当她们在罗马、巴黎或伦敦降落，像布碧姬 · 芭铎、凯瑟琳 · 德纳芙和简 · 方达（Jane Fonda）这样的时尚女孩面对摄影师的镜头时，都穿着舒适的香奈儿套装，或者背着必备单品——香奈儿 2.55 包。

回击你的对手

香奈儿初到巴黎时，时尚界由实力强大的时装设计师保罗·波烈引领。他用他开创性的蹒跚裙和灯罩型束腰外衣塑造了当时社会女性的穿着方式，这些服装款式的流畅轮廓使女性的身体摆脱了紧身胸衣的束缚。波烈深受亚洲和波斯设计的影响，他的设计以阿拉伯之夜的丰富色彩、土耳其风格的哈伦裤以及和服形状的大衣为特色。

香奈儿也追求自由，但她选择了更加柔软的面料，如针织或双绉。她认为波烈过于拘泥于过去，当波烈未能适应 20 世纪 20 年代的现代性时，香奈儿席卷而来并取代了他巴黎顶级设计师的位置。她的小黑裙替代了波烈的宝石色礼服。据说波烈曾问她："你为谁哀悼？""为了您，先生。"香奈儿回答。

第二次世界大战结束后，克里斯汀·迪奥以他的"新风貌"造型塑造了战后时期的服饰风格。与战争年代的实用外观不同，他用紧身胸衣、喇叭裙和结构化的胸部剪裁重新回归女性气质的装扮。香奈儿自 1939 年后一直处于隐退状态，此时她对时尚正在破坏她试图给予女性的所有自由感到震惊。这是香奈儿在 1954 年复出的导火索。

"男人做的衣服让人不能动，"她曾经说过，"他们会非常平静地告诉你，这些裙子不是为行动而设计的。当听到这样的言论时我很害怕。当没有人像我一样思考时，时尚会变成什么样？"

→ 1969 年 8 月，《巴黎竞赛画报》(Paris Match) 的一篇社论展示了不同的裙长趋势，从伊夫·圣·罗兰设计的长裙，到卡丹 (Cardin)、迪奥、博昂 (Bohan) 和香奈儿设计的中长裙，以及温加罗 (Ungaro) 和库雷热 (Courrèges) 设计的迷你裙。

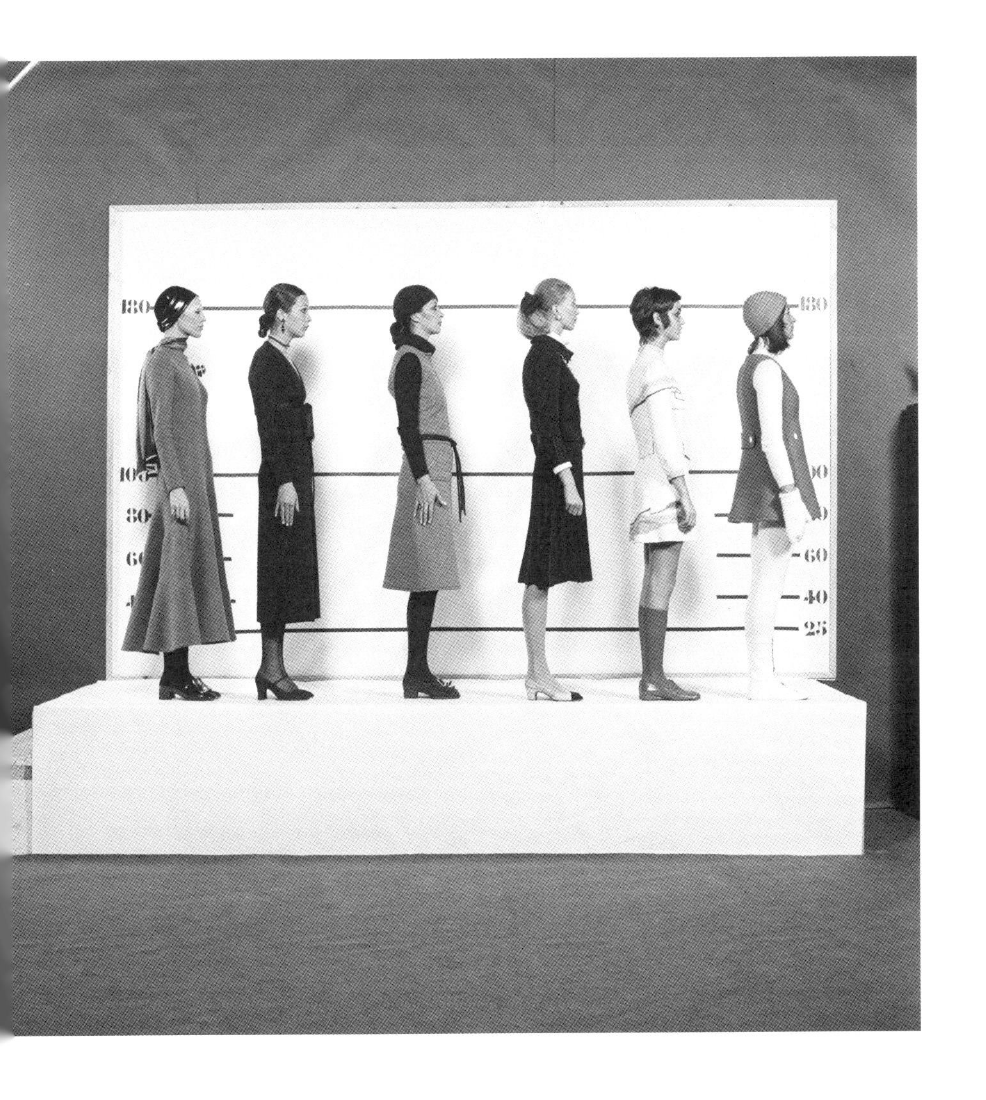
180
80
180
60
40
25

The Details

标志细节

革新纺织传统

香奈儿曾宣称：“我的财富建立在一件旧的针织衫上。”香奈儿在她的杜维埃精品店出售的第一件衣服是一件带腰带的针织毛衣，这件衣服的灵感来自男孩卡柏的马球衫。针织材质是用于制作男士内衣和运动服装的传统材料，但香奈儿发现它是战争期间稀缺的面料最经济、有效的替代品。

她描述了在面料短缺背景下的实情：“我在马厩小伙子们穿的毛衣和我自己穿的针织训练服的基础上制作了针织衫。到战争第一年夏天结束时，我已经赚了二十万金法郎。”

针织衫面料柔软、易穿且随手可得，她认为这些针织衫是香奈儿品牌的起源。面料的延展性意味着它可能很难剪裁和加工成贴身的服装，但它却适合香奈儿正在打造的风格。“针织面料是最难处理的面料，它是一种劣质面料，但我正是从它开始设计创作的。”她说。

1916 年，她从纺织品制造商让·罗迪耶（Jean Rodier）那里购买了大量的针织面料。针织面料拥有一种天然的奶油色，她与罗迪耶合作，将其染成灰色、海军蓝色、酒红色和粉红色，用于制作她的连衣裙。在 1916 年的“比亚里茨系列”中，她将柔软的针织衫改造成奢华的时装，搭配条纹毛衣、及踝裙、带刺绣腰带的夹克和 V 领衬裙，整个系列色彩缤纷。到 1917 年，她被称作“针织衫独裁者”。1915 年，当她在比亚里茨开设精品店时，立即吸引了西班牙

→ 这款 2021 年春夏系列的荧光印花针织运动连衣裙借鉴了可可·香奈儿早期系列中男孩卡柏的针织马球衫的风格。

"Three
Girls
COCO
CHANEL

→ 1928 年《Vogue》时尚杂志，模特伊丽莎白·谢夫林（Elizabeth Shevlin）身穿香奈儿标志性的低腰针织连衣裙，搭配带有几何图案的印花围巾和艾格尼斯（Agnes）的钟形帽。

↘ 1953 年，可可·香奈儿在康朋街沙龙镜面楼梯上的倒影。她身穿一套线条流畅的针织夹克和裙子，这预示了她 1954 年的回归之作。

贵族和皇室，他们正在寻找色彩鲜艳的服装来反映西班牙在战争中的中立态度。他们抢购了她颜色明亮的针织衫和臀部有大蝴蝶结的棉质束腰外衣。

1916 年 2 月，《女装日报》（Women's Wear Daily）指出，"那些明智的女性一次订购三到四件不同颜色的香奈儿针织服装并不罕见"。在那年夏天，《Vogue》时尚杂志描述了针织服装如何"发展成为一种激情——一种名副其实的狂热"。

战争结束后，香奈儿继续在她的宽松连衣裙、褶裥裙和条纹开襟羊毛衫中使用针织材质。在 20 世纪 50 年代，这些开襟羊毛衫被重新设计，更加适合新一代的活跃女性，她们认为这种柔软流畅的面料既舒适又美观。

“我的财富建立在一件旧的针织衫上。”

可可·香奈儿

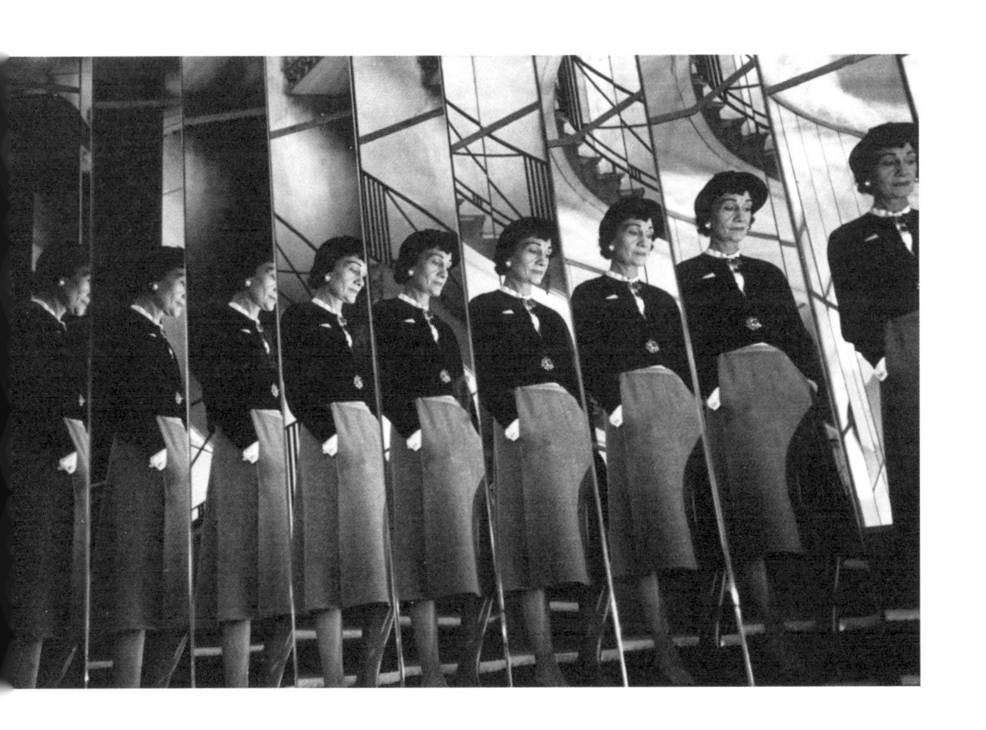

选择一款经典永恒的面料

除了针织面料，粗花呢同样也是香奈儿的标志性面料，因为其丰富的质地塑造了香奈儿自 20 世纪 20 年代以来的经典夹克造型。粗花呢是一种经久耐用且功能性完备的面料。对于非常重视简单性和实用性的设计师来说，这是一种时尚与自然的契合。香奈儿将粗花呢转变为柔软、柔美的面料，将其从乡村风格转变为资产阶级城市风格。

那是在西敏公爵位于苏格兰高地的广阔庄园里，香奈儿爱上了那里的旷野，这些都与公爵的粗花呢狩猎夹克的质地和颜色非常匹配。香奈儿在捕捞鲑鱼时被原始自然的风景启发，因此在 1926 年，她与卡莱尔的花呢制造商威廉 · 林顿（William Linton）合作，委托他制作了各种颜色的柔软花呢，从自然色到柔和色和宝石色。

1926 年，香奈儿将在苏格兰受到的启发融入她的设计中，《Vogue》时尚杂志描述道：“粗花呢是新时尚衣橱的必备品。”它展示了香奈儿的许多粗花呢设计，包括一件连衣裙、一件长外套和一套绿色与米色格纹的西装，这些都非常适合穿着参加体育运动或在城市中行走。穿着柔软的粗花呢开衫，搭配珍珠项链和褶裥裙，这是巴黎风格和英国风格的融合。香奈儿第一款粗花呢夹克长及大腿，剪裁柔软。随着在 20 世纪 30 年代的不断改进，它们变得更短，更具结构性。经典的粗花呢夹克也成为她于 1954 年复出的回归之作，并立即成为备受独立女性追捧的潮流单品。

→ 1997 年威尔士王妃戴安娜（Diana, Princess of Wales）所穿的香奈儿天蓝色粗花呢夹克中的纽扣细节。

↑ 1962 年，香奈儿在巴黎的工作室里缝制一件粗花呢外套的肩部。

香奈儿可以通过触摸分辨花呢布料是产自苏格兰的粗花呢，还是产自意大利的轻质花呢，她会根据自己想要达到的效果来选择每种面料。对于 20 世纪 60 年代更具结构感的西装，香奈儿选择了来自马利亚（Malhia）和布科洛（Bucol）等设计师的厚重羊毛圈面料和花呢面料。在此期间，她还开始委托苏格兰纺织设计师伯纳特 · 克莱因（Bernat Klein）使用柔软的粗花呢制作以自然世界为灵感颜色的西装和连衣裙。

香奈儿成为支持纺织品的设计师中最负盛名的女装设计师之一，即使在她去世后，她的时装公司仍继续从卡莱尔的林顿花呢制造商采购产品，制作经典的带有丝质衬里的粗花呢夹克。

"不喷香水的女人没有未来。"

在数字中寻找魔法

5 是香奈儿的幸运数字。它给她带来了好运，她将 5 作为生活其他方面的行事准则。香奈儿相信命理的力量。她的星座狮子座是所有星座中的第 5 个星座，而 5 是宇宙的本质数字——第 5 种本质，或第 5 元素，由亚里士多德添加成为组成天界的元素。

这个数字体现在香奈儿生活的方方面面。她的系列设计作品发布在每个月的 5 号举行；她最著名的香水被命名为 5 号；她的标志性手袋被命名为 2.55，代表它推出的月份和年份。香奈儿 5 号的调香师恩尼斯 · 鲍回忆说，她选择了标有 5 号的样品，因为："我将在 5 月 5 日展示我的服装系列……因此我会留下标有编号 5 的这瓶，5 号会给我们带来好运。"

她与 5 的关系众所周知，以至于 1926 年《纽约时报》报道称，"可可 · 香奈儿总是在蒙特卡罗赌场押数字 5"。围绕数字的神话，叠加灵感来自奥巴辛修道院的几何形状，为她最畅销的香水增添了浪漫和神秘。

22 号对香奈儿也很重要，因为她和男孩卡柏都喜欢 2。他在 1919 年 12 月 22 日凌晨 2 点的一场车祸中不幸遇难。香奈儿在 1922 年推出了她的 22 号香水，它的名字来源于它的发布年份和数字 2 与男孩卡柏之间的联系。

香奈儿也会从成对出现的物品中找到其象征意义，比如她名字中的双 C。在她位于康朋街的公寓里，她成对地展示物品，包括边桌上的两只骆驼和壁炉架旁的两只真人大小的鹿。也许这种双重性也寓意着香奈儿和男孩卡柏的匹配，男孩卡柏是她一生的挚爱，也是最先支持她事业的男人。

→ 个性项链作为 2015 年春夏系列的一部分，项链上的数字 5 是幸运符一般的存在。

5
5
CHANEL
CHANEL

用刺绣点缀

从1916年的第一个“比亚里茨系列”开始，香奈儿就使用了刺绣，这为她简单的针织设计增添了复杂性，例如与及踝裙搭配的彩色束带夹克。她刺绣的灵感部分来自谢尔盖·迪亚吉列夫的俄罗斯芭蕾舞团中的浪漫故事，她在战前第一次见到这个芭蕾舞团后就爱上了他们。

就像在她巴黎公寓里的乌木屏风上的细节一样，香奈儿刺绣设计的灵感经常来源于亚洲。1917年的《Vogue》时尚杂志写道，她正在“制作镶有日本刺绣的黑色丝绸针织连衣裙”，其中包括白色樱花和金色鸢尾花，它们与深色面料形成了鲜明而美丽的对比。1918年，她设计了一件毛皮镶边的黑色缎面晚礼服，并以金色刺绣点缀，创造了一种从正面到背面重复的土耳其式图案。

虽然香奈儿平日经常穿着针织面料的服饰，但她的绸缎、天鹅绒和绉纱晚礼服上也会带有精美的刺绣。弗朗西斯·罗斯爵士（Sir Francis Rose）在一篇时尚文章中描述了一件香奈儿的紧身连衣裙，它的黑色双绉肩带上用几乎看不见的亮片和钻石珠子绣满了小星星和星星般的花。

1921年，《Vogue》时尚杂志评论说“时装设计师们仍在以使用刺绣的方式走向成功”，而香奈儿仍然是这一技术的积极倡导者。她通过狄米崔·帕夫洛维奇大公的姐姐、大公爵夫人玛丽亚·帕夫诺夫娜（Maria Pavlovna）的公司基特米尔（Kitmir）订购刺绣面料。香奈儿一直在找人将法罗岛的进口毛衫图案刺绣在丝绸衬衫上。在流亡期间过

→ 作为2019—2020年在巴黎大皇宫香奈儿艺术展的一部分，这件薄纱夹克上的小麦刺绣，不仅反映了香奈儿对刺绣的热爱，也反映了她如何将小麦视为繁荣的象征。

“时装设计师们仍在以使用刺绣的方式走向成功。”

《Vogue》时尚杂志

← 香奈儿对精湛刺绣的鉴赏力在她最早的一些藏品中得以印证。这一点反映在这件连衣裙领口上的复杂细节中。这是2012年在林利思哥宫举行的高级手工坊艺术时装秀的一部分。它突显了这家时装公司在法国和苏格兰时尚圈中精湛的工艺技术。

着贫苦生活的玛丽亚·帕夫诺夫娜无意中听到香奈儿与一名裁缝争吵后，提出她会以很好的价格制作这一刺绣。1922年以斯拉夫民间艺术为设计灵感和设计图样的俄罗斯系列作品，是香奈儿职业生涯中最重要的作品之一。这些刺绣被缝制在一件俄罗斯风格的宽袖黑色上衣和一件蓝色乔其纱日间礼服上，刺绣形成了一条粗粗的罗曼诺夫项链的形状。这条项链图案取材于玛丽亚·帕夫诺夫娜的记忆。

用条纹表达

香奈儿在法国南部时，经常穿着条纹针织衫和海军水手裤，这种适合当地气候的穿着造型因为可以让女性在度假时享受休闲中性风而备受欢迎。

20 世纪 20 年代，里维埃拉的波西米亚人流行穿条纹上衣，巴勃罗 · 毕加索和杰拉尔德 · 墨菲在海滩上或工作室工作时都会穿着条纹针织衫。在 20 世纪 50 年代和 60 年代，当红明星如奥黛丽 · 赫本（Audrey Hepburn）和珍 · 茜宝（Jean Seberg）进一步激发了香奈儿设计条纹服装的想法，而布碧姬 · 芭铎的圣特罗佩造型则将条纹上衣与七分裤混搭在一起。

香奈儿是早期条纹装的赢家，在她 1915 年的系列中就有条纹。同年 7 月，《女装日报》盛赞她用针织面料制成的“非常有趣的针织衫”，这件针织衫在她的杜维埃精品店有售。文章还写道：“条纹针织衫……使用黑色和白色或海军蓝和白色。这些针织衫……可以从头上穿过。毛衣的颈部有约 6 英寸的开口，并配有针织物用以覆盖纽扣。这些针织衫将取得巨大的成功。”

香奈儿的条纹针织衫参照了她在诺曼底海岸观察到的渔民和法国水手这些工人阶级的服装。“水手服”于 1858 年首次出现在法国海军海员的制服中，据说穿着条纹图案的落水者更容易被发现。

作为 20 世纪 20 年代“男性化风格”的一部分，香奈儿继续将条纹元素融入她的运动装系列中。纽约大都会博物馆（Metropolitan Museum，New York）收藏了一件黑白条纹运动衫，这款运动衫

→ 条纹针织衫一直是香奈儿夏装的一部分，比如这件香奈儿 2020 年早春度假系列的运动衫，让人想起第一次在她的杜维埃精品店出售的运动衫。

“这些针织衫将取得巨大的成功。”

《女装日报》

← 1930年，可可·香奈儿在法式别墅的薰衣草花园。在法国里维埃拉度假时，她更喜欢穿宽松的条纹针织上衣和阔腿长裤。

通过斜纹设计，打造了斜纹条纹，并在领口设计了一条类似水手衬衫上领带的丝带。

香奈儿1926年航海系列作品的灵感来自西敏公爵游艇“飞云号”上的制服，其中包括一件米色和蓝色条纹的针织开衫，搭配衬衫和褶裙。1933年，《尚流》（Tatler）杂志刊登了一则广告，介绍了由香奈儿设计的领口有水手领带的长袖手工编织条纹套衫，这些套衫的颜色组合多种多样。这一作品反映了香奈儿在设计中的灵感受到多种因素的影响——海军制服、里维埃拉条纹和苏格兰手工编织。

在星星中寻找灵感

可可·香奈儿曾说：“我喜欢一切高的东西，比如天空、月亮。我信仰星星，我出生在狮子座的星座下，就像诺查丹玛斯一样。”

香奈儿对象征主义的迷恋达到了极点，她的设计受到天体意象的启发，这也增加了她生活中神话和浪漫的色彩。通过男孩卡柏，她了解了神智学，这是一种基于宇宙学和太阳系探索人与宇宙或神的关系的哲学思想。她是黄道带的追随者，她的设计采用了狮子座的符号，她相信数字的魔力，认为5作为宇宙的元素具有特殊的意义。

在香奈儿出生前的几个世纪，中世纪的修道士用小鹅卵石在奥巴辛修道院走廊上制作了一幅非常细致的马赛克画。这些画面展现了五角星、一个新月和一个马耳他十字架，这是修道院上方夜空的倒影。这一形象可能一直留在一个每天在走廊上走来走去的年轻女孩的脑海中。

香奈儿在家中使用了这些符号。她在法国里维埃拉豪华的法式别墅的床上挂了五角星。她在康朋街公寓里，珍藏着一颗在中国坠毁的罕见陨石。

1932年，香奈儿以星星为灵感来源创作了她的第一个钻石系列，命名为钻石珠宝（Bijoux de Diamants）。虽然她一直支持人造珠宝，但这套真正的钻石系列却极其符合大萧条时期那些时髦的逃避主义人们的需要。为了向公众展示它们，她将天体耳环、彗星般的项链和太阳光造型的冠状头饰戴在蜡制人体模型上，并且所有这些装饰首饰的佩戴

→ 香奈儿在法式别墅的卧室里放松，在那里她用五角星装饰床架，期望能为自己带来好运。

“为了不可替代，
必须始终不同。”

→ 2013 年在得克萨斯州达拉斯举行的以西方为主题的工艺品展上，由金色刺绣星星绘制的银河系展现了其象征意义。

方式都很灵活。正如珍妮特 · 弗兰纳在《纽约客》中所描述的：“香奈儿的珠宝在设计上就占据了主导地位，精致无比。华丽的不对称星星耳饰；更像是一颗闪耀的彗星的项链，它的尾巴环绕颈项，就像是把它挂在女士的脖颈上；手镯如同灵动的光束；新月形状的冠状头饰如同帽子一样盖在头发上……”

香奈儿的珠宝设计受到天体的启发，星星和月亮作为符号出现在胸针、耳环和项链上，在连衣裙和衬衫上也绣有星星元素。

解放新的身体部位

当香奈儿第一次试图让女性摆脱紧身连衣裙的束缚时，她放宽了腰部的廓形，让女性们可以自由呼吸，而不再被紧身胸衣紧紧束缚。她将裙子的下摆抬高，露出脚踝，让女性可以更容易地踏上汽车，自如地在城市中穿梭行走。

而她在 20 世纪 50 年代的男性化造型风格更是露出了手臂和腿，让女性可以自由地跳查尔斯顿舞。此后十年，裙子下摆的长度发生了变化，但香奈儿仍坚持将其保持在膝盖以下。她始终如一地坚持为追求自由、活跃的现代女性设计服装。“我现在的顾客都是忙碌的女性，”她说，“忙碌的女性需要穿着舒适，她们的衣服需要能够卷起袖子。”

在大萧条之后，裙子的长度下降了，斜裁的紧身礼服更能勾勒出女性的身材曲线。香奈儿将服装性感区域从腿部转移到背部，打造出优雅的露背长裙礼服，露出被一串珍珠覆盖的裸露背部。香奈儿还设计出露肩膀的服装，她用无肩带礼服为肩膀增添了性感的情调。1938 年 7 月，《Vogue》时尚杂志称赞了她浪漫的黑色露肩蕾丝连衣裙。“在晚礼服是绑带或 V 领的时候，她完全裸露了肩膀，解放了身材，开启了全新的晚装潮流。”《Vogue》时尚杂志编辑贝蒂娜 · 巴拉德写道。

20 世纪 50 年代，当克里斯汀 · 迪奥等设计师都在展示他们收紧的、剪裁结构化的礼服时，香奈儿却回归简单的轮廓，推出了一系列无肩带黑色或白色蕾丝鸡尾酒裙，将裙子的重点放在肩

→ 1954 年香奈儿回归后，将大部分精力都集中在她标志性的西装外套上，但美丽浪漫的蕾丝连衣裙依然是她 20 世纪 50 年代服饰系列的关键元素。

“在晚礼服是绑带或V领的时候，她完全裸露了肩膀，解放了身材，开启了全新的晚装潮流。”

《Vogue》时尚杂志编辑贝蒂娜·巴拉德

部和领口周围的裸露皮肤上。香奈儿在女性身体的哪些部位应该显露，哪些部位应该遮盖方面完全依靠自己的直觉，她拒绝纯粹为了时尚潮流而改变她的方法。

“高级定制的艺术在于知道如何提升，”香奈儿曾经说过，“在前面抬高腰线，让女人显得更高；降低背部剪裁以避免底部松垂变形。这件衣服的背面必须剪得更长，因为它是背部开衩的。任何能让脖子显得更长的东西都很有吸引力。”

← 肚脐位置是 20 世纪 90 年代的性感地带，1995 年卡尔 · 拉格斐对经典西装进行了调整，以展现波西米亚风情。

人造珠宝可以是无价的

香奈儿喜欢打破佩戴珠宝的规则。她白天佩戴堆叠的珍珠串和沉重的项链，在晚装搭配时却进行精简。通过支持人造珠宝而不是昂贵的珠宝，她进一步推动了时尚的民主化。

1924 年，香奈儿委托珠宝商奥古斯丁·格里普瓦（Augustine Gripoix）创建了她的第一个珠宝系列。他们使用亚克力、有机玻璃和铸造玻璃（一种将玻璃粉压入模具的技术）代替真正的宝石。虽然香奈儿支持人造珠宝，但她的设计灵感都来自西敏公爵送给她的红宝石和祖母绿，以及来自狄米崔·帕夫洛维奇大公的镀金长链，上面带有镶满珍珠和珠宝的十字架。受到周围环境的启发，她会在康朋街的米色绒面革沙发上放松身心，把玩各种石头以激发创意灵感。

香奈儿第一个珠宝系列归功于拜占庭风格和文艺复兴时期，包括人造珍珠项链串和马耳他十字架。那时，珍珠项链成为每个巴黎女人的必备品。《Vogue》时尚杂志就曾盛赞香奈儿的大颗彩虹色珍珠，提醒读者它们比真品更好。珍珠项链从黑色丝绸礼服的正面或裸露的背部垂下，与整体造型轮廓相得益彰。她最著名的作品之一是 1937 年与富尔科·迪·佛杜拉合作创作的宽大白色珐琅手镯，在马耳他十字架上镶嵌着多色宝石。这些带装饰的铐式手镯始终是她珠宝系列的重要单品。

香奈儿说她不喜欢张扬炫耀的珠宝，她选择镶嵌珍贵宝石来制作夹式耳环、项链和装饰胸针。她佩戴自己制作的人造珠宝的同时也会佩戴昂贵的珠宝。她确信通过这种引导，那些富有的客户也会跟随这一潮流。

→ 可可·香奈儿于 20 世纪 20 年代首次推出的人造珍珠项链串一直是香奈儿每个系列的特色。

不要惧怕华丽

虽然香奈儿以其简约的轮廓剪裁建立了一个时尚帝国，打造了其现代主义设计师的声誉，但她的礼服在装饰上却非常细致。她对亮片、流苏和珠饰的使用都展现了极其复杂的工艺，这些毫不掩饰的浪漫，进一步将她的时装提升到了非凡的境界。“装饰，是一门学问！美丽，是一件武器！端庄，是多么优雅。”她曾经宣称。

香奈儿在 20 世纪 20 年代设计的精美飘逸的连衣裙非常适合跳查尔斯顿舞，因为穿着它们可以自由行动，并且它们会在灯光下闪闪发光。真丝乔其纱和真丝天鹅绒饰有银色串珠流苏和水钻，柔软的针织衫上缀有亮片，让人想起她在家中展示的中国漆面乌木屏风。1924 年，《Vogue》时尚杂志模特奥尔登・盖伊（Alden Gay）穿着一件黑色配白色的乔其纱礼服，上面覆盖着一串串墨玉色的如水晶般透明的珠子，而那年的另一件晚礼服则使用了装饰有珠子的厚重金色蕾丝。这些连衣裙都非常符合装饰艺术美学，并在 1925 年巴黎现代装饰和工业艺术国际展览之后成为时尚必备品。

蕾丝是另一种香奈儿最喜欢的材料。她最初使用复杂的镶片和带有花边的袖子来装饰她在第一次世界大战期间设计的针织工装外套。花俏的蕾丝虽然不太符合爵士时代的流线型美学，但在 20 世纪 30 年代初，随着大萧条时代想要逃离现实，回归过去女性化服饰风格的潮流趋势的到来，香奈儿用层层叠叠的蕾丝和蝉翼纱褶边重现了美好年代的服饰风采。

→ 香奈儿 2019—2020 年秋冬高级定制时装秀中，带有山茶花图案的闪亮亮片为这款及地长礼服增添了浪漫气息。

← 香奈儿康朋街工作室中，香奈儿礼服上的奢华装饰品的细节，是裁缝师为香奈儿 2006—2007 年秋冬高级定制时装系列增添的画龙点睛的一笔。

“装饰，是一门学问！
美丽，是一件武器！
端庄，是多么优雅。”

可可 · 香奈儿

香奈儿 1937 年推出的服装系列皆是戏剧风格的，这些服装以华丽的晚装为特色，装饰着厚重的亮片。《时尚芭莎》(Harper's Bazaar)的编辑戴安娜 · 弗里兰穿着一条耀目的长裤搭配被一排排亮片覆盖的短款夹克上衣，与浅色蕾丝和雪纺衬衫形成鲜明对比。她总是努力通过自己的穿着对时尚产生影响。这种风格后来在 20 世纪 60 年代重新焕发活力，因为香奈儿创造了一系列刺绣丝绸和闪光花呢长裤套装。

1939 年，玛德琳 · 德 · 蒙哥马利伯爵夫人（Countess Madeleine de Montgomery）在门德尔夫人（Lady Mendl）75 岁生日派对上穿的一件晚礼服可能是香奈儿的亮片设计中最具象征意义的一件。烟花形状的彩色亮片装饰戏剧性地标志着这个十年的结束以及第二次世界大战的开始。通过使用如此细致的装饰，为简单的廓形增添一丝异域风情，足以见得香奈儿的美学精神已经遥遥领先于她所处的时代。

发现你自己的标志图案

简单的白色山茶花作为香奈儿最喜欢的花朵，常以不同的形式展现在她的设计中。山茶花的图案出现在衬衫上的刺绣针脚中，作为织物上的印花，或者作为丝绸、雪纺、透明硬纱或粗花呢的装饰。它是没有香味的，真正的山茶花可以作为胸花别在黑色连衣裙上，而不会抢夺香水的味道。

山茶花通常与巴黎的风月场联系在一起，当时佩戴它象征着可以被诱惑的妓女，并以小仲马的小说《茶花女》（La Dame aux Camélias）中的玛格丽特·戈蒂埃（Marguerite Gautier）这个悲剧角色为代表。香奈儿回忆起 1896 年，13 岁的她在巴黎新艺术运动时期的文艺复兴剧院中看到萨拉·伯恩哈特（Sarah Bernhardt）主演这一剧目时，她是多么着迷。这段悲惨的爱情在香奈儿心中激起了她对母亲死亡的回忆，并激发了她未来对山茶花的喜爱。“在我读过的所有小说中，茶花女的命运就如同我自己的人生。”她说。

当香奈儿从皇家领地城堡的女性世界中脱颖而出，并通过工作找到了自己的自由时，她就领悟了山茶花的象征意义。它代表了一个交际花的死亡。此外，这朵花因其味道特征而吸引人，就像此前埃米莉安娜·达朗松所穿戴的那朵花一样，清新无味。美好年代的绅士们也将这朵花别在他们夹克和束腰外衣的扣眼上，作为优雅的标志。她把这个标志用于她中性风格的设计中。

1913 年，在埃特勒塔海滩上的一张照片中，香奈儿作为自己的针织夹克

→ 1927 年，《Vogue》时尚杂志推出了一件带有威尼斯蕾丝覆盖层的香奈儿礼服，礼服上的一条肩带装饰着针织山茶花。

↑ 香奈儿在巴黎举行的 2020 年春夏高级定制时装秀上，一件透明晚礼服的胸部绣着精致的山茶花。

→ 这件连衣裙形似于山茶花的形状，是香奈儿 2012 年春夏成衣系列的一件。

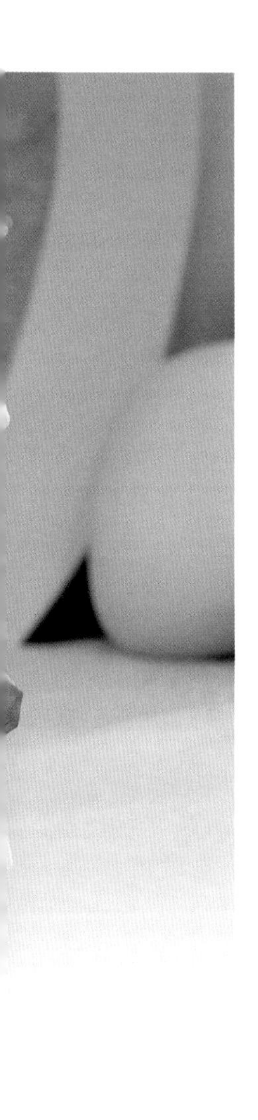

“在我读过的所有小说中，
茶花女的命运就如同我自己的人生。”

可可 · 香奈儿

和裙子的模特，将一朵山茶花别在宽松的织物腰带上。从 1923 年起，她开始在深色雪纺礼服上缝制白色胸花，在暗色的衬托下，它们显得格外耀眼。1926 年，《Vogue》时尚杂志刊登了一件以女演员艾娜·克莱尔为模特设计的无袖晚礼服，上面绣有银珠和金属，形成复杂的山茶花图案。

除了将山茶花压印在她粗花呢夹克的镀金纽扣上，这个符号也一直是香奈儿珠宝系列中的最爱。如果仔细观察，你会发现香奈儿经常将山茶花图案用在刺绣或礼服的珠饰上，别在夹克上，装饰在连衣裙上，以及装点她的公寓：装在水晶山茶花的花瓶里，画在科罗曼德尔屏风上，作为烟熏水晶吊灯的标志。

找到你的精神动物

香奈儿于 1883 年 8 月 19 日出生，是狮子座，她在生活的许多方面都使用狮子的标志。狮子象征着权力和领导力，这对她来说意义重大，在她瑞士洛桑公墓的墓碑上就雕刻了五只狮子。

正如香奈儿生活的其他象征符号都源于奥巴辛修道院一样，修道院内也雕刻着类似狮子般的生物。在她的童年生活里她必须为生存而战。她说："就像狮子一样，我挥舞爪子防止别人伤害我，但是，相信我，比起被抓伤，抓伤其他人令我更痛苦。"

香奈儿称男孩卡柏是被她驯服的"伦敦狮子"。1919 年 12 月男孩卡柏在一场车祸中丧生后，香奈儿的康复旅行之一是去威尼斯。威尼斯的象征是狮子，她在圣马可广场观看铜翼狮子雕塑时感受到了慰藉和力量。

正如狮子赋予香奈儿继续前进的力量一样，她选择将其融入周围环境。她将两只狮子雕像放在她位于康朋街公寓的餐桌上，一只举起爪子的重型金色狮子放置在客厅的壁炉架上。她的办公桌上方是一幅带框的狮子画。她还将狮子融入她的设计中——著名的香奈儿夹克的纽扣上刻有狮子的形象，金色胸针上饰有狮子头。

为了向香奈儿致敬，香奈儿品牌复刻了经典狮子形象。2010 年，一尊巨大的狮子雕像被放置在巴黎大皇宫内，以展示卡尔·拉格斐向"狮子标志"致敬的系列，而此后的珠宝系列则在吊坠和戒指上采用镶嵌钻石的狮子。

→ 2010 年，一尊巨大的狮子雕像被放置在巴黎大皇宫内，以展示卡尔·拉格斐向"狮子标志"致敬的系列。

创建一个经典的标志性配饰

1955 年 2 月，香奈儿展示了她设计的带有肩带的绗缝手提包。在发布日后她给它命名为 2.55。同样，数字再次被象征性地使用，2 和 5 对设计师来说具有非常重要的意义。这款包的特殊之处是它代表了香奈儿的过去密码，可以让使用者了解她的秘密。

这款 2.55 包由柔软的皮革制成，手工缝制的斜纹图案营造出绗缝效果。这可以联想到她在皇家领地城堡时马厩男孩的夹克，当时她骑马和艾提安 · 巴勒松一起参观了赛马场。这是塑造她中性美学设计风格的又一个代表性的例子。

这款 2.55 包的肩带由镀金链和皮绳组成，就像骑马的马具一样。除了让人想起从奥巴辛修道院的管理员身上垂下来的钥匙链，它还是一个让女性生活更轻松的实用细节。

她说："我厌倦了手里拿着钱包却丢了的事，所以我加了一条肩带，把它们背在肩上。"这条金属链在香奈儿去世后被用在香奈儿设计的其他细节方面——作为珠宝、腰带和高级时装的细节。"我了解女人，"她曾经说过，"给她们链条。女人喜欢链条。"

2.55 包的翻盖由一个矩形的锁固定。这个锁最初被称为"小姐锁"，指的是香奈儿从未结婚。之后它被替换为带有双 C 标志的扣环。衬里是红色的，这是香奈儿设计中重要的颜色之一，据说是为了更容易找到物品而不必在里面翻找。

2.55 包瞬间成为经典，成为布碧姬 · 芭铎和简 · 方达等明星的必备款式。米娅 · 法罗（Mia Farrow）是 20 世纪 60 年代新好莱坞另一位冉冉升起的新星，她在出演经典恐怖电影《罗斯玛丽的婴儿》（Rosemary's Baby）时随身携带香奈儿 2.55 包。

↑ 香奈儿绗缝包已成为街头风格和时尚界的主要配饰。

“我了解女人……给她们链条。女人喜欢链条。”

可可·香奈儿

← 绗缝效果最初是由香奈儿于1955年为2.55包创造的，但绗缝效果之后又被用于制作大衣，以起到夸张的展现效果，包括2019年在大皇宫举行的香奈儿高级手工时装秀上这款闪闪发光的金色版本。

虽然多年来有些版本已经过不断地调整，但这款包的外观却一直保持不变。最初使用香奈儿最喜欢的海军蓝、米色、黑色和棕色，后来引入了彩虹色，并尝试了不同的纺织材质和肩带款式。

香奈儿的夹克内衬也采用绗缝技术，因为它舒适又柔软，这不禁让人联想到马术精神和户外穿戴中对健康舒适的追求。香奈儿在不同材料中采用了绗缝外观，例如用于戒指、项链和腰带的贵金属以及绗缝皮夹克。

术语汇编

2.55 包（2.55 Bag）——经典的香奈儿绗缝手袋，以 1955 年 2 月的发布日期命名。

阿德里安娜（Adrienne）——可可·香奈儿的姑姑。阿德里安娜只比可可·香奈儿大一岁，两人一起在军事城镇穆兰做裁缝女工。参见安托瓦妮特。

安托瓦妮特（Antoinette）——可可·香奈儿的妹妹。她与阿德里安娜一起被聘为香奈儿在巴黎和杜维埃精品店的模特和店员，但她于 1920 年在阿根廷不幸去世。

装饰艺术（Art Deco）——塑造 20 世纪 20 年代现代主义的设计运动，可可·香奈儿设计的几何学和流线型轮廓就是装饰艺术的证明。

亚瑟·卡柏（Arthur Capel）——也被称为“男孩”（Boy），他是富有的半英半法血统的花花公子，也是可可·香奈儿的情人，在可可·香奈儿刚创业时，他支持她。他于 1919 年 12 月在法国南部的一场车祸中丧生。参见男孩香水。

奥巴辛修道院（Aubazine Abbey）——1895 年可可·香奈儿的母亲去世后，她和她的两个姐妹被父亲遗弃在偏远的奥弗涅地区的奥巴辛修道院。

先锋派（Avant-garde）——新的、实验性的想法和理念。

俄罗斯芭蕾舞团（Ballets Russes）——由俄罗斯谢尔盖·迪亚吉列夫创建的巴黎芭蕾舞团，在 1909 年至 1929 年间上演了充满异国情调的前卫先锋表演。

绿色气息（Bel Respiro）——可可·香奈儿位于加尔什的别墅，在巴黎郊区。她购买于 1920 年，作为对男孩卡柏去世后的缅怀。伊戈尔·斯特拉文斯基和他的家人就是在这里与可可·香奈儿生活了一段时间。

美好年代（Belle Époque）——法国历史上从 1871 年到 1914 年第一次世界大战爆发的时期，以其无忧无虑和追求享乐的生活方式而被定义。

比亚里茨（Biarritz）——法国大西洋沿岸的豪华度假胜地，靠近西班牙边境。1915 年可可·香奈儿在这里开了一家精品店。

钻石珠宝（Bijoux de Diamants）——可可·香奈儿于 1932 年推出的第一款钻石系列，以雕刻的钻石为特色，灵感源自天体意象。

岛屿森林香水（Bois des Iles）——这款香水于 1926 年推出，是可可·香奈儿与恩尼斯·鲍一起为女性创造的第一个木质香味的香水。

男孩香水（Boy）——一款超越性别的香氛，由奥利维尔·波伊奇（Olivier Poige）于 2016 年设计。灵感来源于亚瑟·卡柏的绰号“男孩”（Boy）。卡柏是可可·香奈儿一生的挚爱，他是香奈儿时尚起源的关键。参见亚瑟·卡柏。

拜占庭（Byzantine）——中世纪的东方艺术和建筑风格，以君士坦丁堡（现为伊斯坦布尔）为中心，由宗教意象、黄金装饰和几何镶嵌设计所界定。

山茶花（Camellia）——白色、无味的花朵，后成为香奈儿品牌的象征。

塞西尔·索雷尔（Cécile Sorel）——美好年代时期的法国喜剧演员，以华丽的舞台服装而闻名，也是可可·香奈儿的早期顾客。

香奈儿 5 号（N° 5）——可可·香奈儿创造的第一款香水，在 1921 年推出后成为有史以来最畅销的香水之一。

可可（Coco）——嘉柏丽尔·香奈儿的昵称，该昵称源自她在穆兰歌舞咖啡馆作为歌手演唱时唱了《谁见过可可》和《公鸡喔喔喔》这两首歌。

乌木屏风（Coromandel Screens）——一个装饰

精美的中国折叠屏风，设计精良。17 世纪在印度科罗曼德尔海岸首次从中国进口到法国。这是可可·香奈儿最喜欢的家居品，在她位于康朋街的公寓和精品店里都有放置。

俄罗斯皮革香水（Cuir de Russie）——可可·香奈儿和恩尼斯·鲍于 1927 年发布的香水，其名字来源于 20 世纪 20 年代流亡在巴黎的俄罗斯贵族，包括她的情人狄米崔·帕夫洛维奇大公。

杜维埃（Deauville）——美好年代诺曼底海岸海滩度假村，因其赛马场和赌场而闻名；1913 年，可可·香奈儿在这里开了一家精品店。

狄米崔·帕夫洛维奇大公（Grand Duke Dmitri Pavlovich）——他是沙皇尼古拉斯二世的表亲，1917 年参与刺杀拉斯普廷后逃离俄罗斯，在 20 世纪 20 年代成为可可·香奈儿的情人。

西敏公爵（Duke of Westminster）——西敏公爵二世休·格罗夫纳，1924—1930 年期间与可可·香奈儿约会，被认为是当时欧洲最富有的人之一。

埃米莉安娜·达朗松（Émilienne d'Alençon）——著名交际花、女演员和舞蹈家，她也是艾提安·巴勒松的情人，是他在皇家领地城堡的客人。她在欣赏了可可·香奈儿的简约款帽子之后，成为她第一个客户。

恩尼斯·鲍（Ernest Beaux）——俄罗斯香水商。从他在法国南部格拉斯的工作室生产了香奈儿 5 号开始，与可可·香奈儿合作创作了她此后一系列原创香水。

艾提安·巴勒松（Étienne Balsan）——一位富有的马球运动员和赛马手，他曾与可可·香奈儿在贡比涅附近的皇家领地城堡一起生活。他们最初在穆兰相遇，当时他作为骑兵军官驻扎在那里。他资助了可可·香奈儿早期的帽子生意。

飞云号（Flying Cloud）——西敏公爵的豪华游艇，以熠熠生辉的白帆为特色。

男性风（Garçonne）——这个词取自维克多·玛格丽特 1922 年的小说，小说描述了一个性解放的年轻女性，她自由地生活。男性风的定义是宽松、自由的服装。

栀子花（Gardénia）——1925 年，由恩尼斯·鲍创作的香水，以可可·香奈儿最喜欢的白色花朵命名。

贫穷流派（Genre Pauvre）——字面意思是“可怜的样子”，是可可·香奈儿引领的风格，让上流社会女性穿上工人的衣服，以及女服务员带有白领和袖口的服装，戴上挖沟工的围巾。另参见奢华贫穷。

格里普瓦（Gripoix）——巴黎珠宝公司，由奥古斯丁·格里普瓦于 1869 年创建，专门从事服装珠宝生产加工。1924 年，可可·香奈儿与奥古斯丁·格里普瓦合作推出了她的第一个珠宝系列。

平纹针织面料（Jersey Fabric）——一种柔软的面料，最初用于制作男士内衣，由可可·香奈儿在 1913 年左右首次将其用于她推出的第一个服装系列，此后成为香奈儿造型的标志性面料。

让·科克托（Jean Cocteau）——法国前卫作家、艺术家和电影制作人。他是可可·香奈儿的密友。从 20 世纪 20 年代起，他们就在多个项目上进行了合作。

让娜（Jeanne）——可可·香奈儿的母亲让娜·德沃勒于 1884 年与阿尔贝·香奈儿结婚，并育有五个孩子。1895 年，她死于肺结核，终年 33 岁。

朱莉娅 - 伯莎（Julia-Bertha）——可可·香奈儿的姐姐。她于 1913 年去世，留下了一个儿子安德烈，由可可·香奈儿照顾。

卡尔·拉格斐（Karl Lagerfeld）——法国服装设计师，1983 年被任命为香奈儿时尚的创意总监，直到 2019 年去世。

法式别墅（La Pausa）——可可·香奈儿的豪华别墅，在洛克布鲁 - 马丁岬，位于蒙特卡罗和意大利边界之间。它建于 1929 年，灵感来自该地区普罗旺斯风格和奥巴辛修道院的建筑。

狮子（Lion）——可可·香奈儿钟爱的象征之一，灵感来自她的星座——狮子座。狮子同时也是威尼斯城的象征性标志。

小黑裙（Little Black Dress，LBD）——香奈儿的经典造型之一，一件简单的黑色修身连衣裙，在 1926 年被《Vogue》时尚杂志命名为小黑裙。

小姐（Mademoiselle）——可可·香奈儿被那些为她工作的人称为小姐，作为一个从未结婚的女人，她接受这个头衔作为她独立的象征。

玛尔特·达韦利（Marthe Davelli）——法国著名

的女高音歌唱家，可可 · 香奈儿的朋友和顾客，据说她于 1915 年在比亚里茨第一次遇到可可 · 香奈儿。

绗缝（Matelassé）——创造绗缝效果的缝合技术，可可 · 香奈儿将其用于她的皮革 2.55 手袋。绗缝图案也用于香奈儿的外套和珠宝雕刻中。

米西亚 · 塞特（Misia Sert）——出生于波兰，是艺术家们的缪斯女神，也是艺术家们的赞助人，在巴黎拥有一个非常受欢迎的沙龙。她是可可 · 香奈儿最亲密的朋友之一，她向可可 · 香奈儿介绍了很多前卫艺术家和作家。

现代主义（Modernism）——20 世纪早期的一场运动，其特点是采用新的表达形式来展现现代工业生活。

蒙特卡罗（Monte Carlo）——摩纳哥富人和名人的游乐场，以其赌场而闻名。1923 年圣诞节可可 · 香奈儿在这里遇见了西敏公爵，1929 年在这结识了好莱坞大亨塞缪尔 · 高德温。

穆兰（Moulins）——法国阿利耶地区的前军事城镇，可可 · 香奈儿离开奥巴辛修道院后在这里做裁缝女工和歌手。她在这里第一次见到艾提安 · 巴勒松。

波城（Pau）——位于比利牛斯省，艾提安 · 巴勒松在这里有一座城堡，并在这里打马球。据说可可 · 香奈儿就是在这里第一次见到男孩卡柏的。参见亚瑟 · 卡柏。

旺多姆广场（Place Vendôme）——巴黎第一区的大八角广场，丽兹酒店所在地。几十年来，这里对于可可 · 香奈儿来说是她的故乡。

奢华贫穷（Poverty de luxe）——由保罗 · 波烈创造的名词，其代表着香奈儿简洁朴素的服装风格，是对一种使用朴素面料制作的更简洁奢华风格的诠释。参见贫穷流派。

睡衣（Pyjamas）——不仅仅指通常意义上的睡衣，这个词描述的是 20 世纪二三十年代的宽松裤，可以在海滩上穿着，也可以作为晚礼服。

洛什莫尔（Rosehall）——20 世纪 20 年代末可可 · 香奈儿与西敏公爵共同居住的苏格兰高地的住宅，并以她的风格装饰。

洛克布鲁 - 马丁岬（Roquebrune-Cap-Martin）——位于摩纳哥和芒通之间，地处法国里维埃拉，是可可 · 香奈儿建于 1929 年的法式别墅的位置。

皇家领地（Royallieu）——艾提安 · 巴勒松的城堡，之前是修道院，位于贡比涅森林。可可 · 香奈儿从 1905 年到 1909 年一直居住在那里。

康朋街（Rue Cambon）——巴黎时尚区旺多姆广场后面的一条狭窄街道，1910 年可可 · 香奈儿在这里开了她的第一家原创精品店。她在 1919 年买下了康朋街 31 号，作为她的沙龙、公寓和工作室，现在这里是香奈儿总店所在地。

索米尔（Saumur）——这座中世纪城镇位于卢瓦尔河谷，1883 年可可 · 香奈儿在这里诞生。

斯特拉文斯基（Stravinsky）——俄罗斯先锋派作曲家，他创作的《春之祭》备受争议。他曾是可可 · 香奈儿的情人，曾在可可 · 香奈儿的别墅“绿色气息”中与可可 · 香奈儿共同生活过一段时间。他是可可 · 香奈儿在 20 世纪 20 年代推出的俄罗斯系列的灵感来源之一。

苏珊 · 奥兰迪（Suzanne Orlandi）——一位法国女演员和交际花，她在皇家领地城堡与可可 · 香奈儿见面并成为可可 · 香奈儿早期的客户之一。

香奈儿针织（Tricots Chanel）——可可 · 香奈儿在 20 世纪 20 年代初开办的纺织厂，位于塞纳河畔的阿斯尼雷斯。1929 年更名为香奈儿纺织，当时纺织厂的生意扩展到丝绸和粗花呢。

粗花呢夹克（Tweed Jacket）——可可 · 香奈儿的标志性设计，粗花呢夹克最初的灵感来源于她在 20 世纪 20 年代遇到的英国贵族。

威尼斯（Venice）——可可 · 香奈儿最喜欢的城市。她欣赏拜占庭式建筑风格，具有文艺复兴艺术的美感，她喜欢丽都的海滩和城市的狮子象征。参见狮子。

维吉妮 · 维娅（Virginie Viard）——自 2019 年卡尔 · 拉格斐去世后，她担任法国时装设计师兼香奈儿时尚的创意总监。

《Vogue》——经典时尚杂志，1892 年首次在纽约出版。

小麦（Wheat）——作为繁荣的象征，可可 · 香奈儿选择在她的公寓里放置小麦穗，或者青铜和水晶上刻画小麦的图案。

图片出处说明

感谢下面列出的所有人，允许在出版中复制和使用图像。我们已尽一切努力联系版权所有者。请我们无法联系到的版权所有者联系我们，以便在后续版本和重印中及时更新。

Alamy: 15, 35 (Granger Historical Picture Archive).

Bridgeman: 81 (©Tallandier / Bridgeman Images).

Getty: 11 (Guy Marineau); 12 (Gianni Penati); 16, 48 (Daniel Simon); 19 (Edward Steichen); 21, 54, 128 l (Victor Virgile); 22 r; 22 l, 105, 134 (Kristy Sparow); 25 (Paul Schutzer); 26, 119 (Pierre Verdy); 27 (Matthew Sperzel); 29 (New York Times Co); 33, 77 (Thierry Orban); 37, 47, 58 (Peter White); 38, 95 (Pascal Le Segretain); 45 (Gerard Julien); 49, 100 (Douglas Kirkland); 53 (Pietro D'Aprano); 57 (Historical Picture Archive); 61 (Jean-Pierre Muller); 63 (Mondadori Portfolio); 67, 108 (Mike Marsland); 69 (Sasha); 71 (Horst P/. Horst); 73 (Eugene Robert Richee); 75, 83 (Time Life Pictures); 79 (Vittorio Zunino Celotto); 80 (Edward Berthelot); 85 (Pierre Vauthey); 87 (Alex Quinio); 88 (Michael Ochs Archive); 91 (Habans Patrice); 96, 127 (Charles Sheeler); 97 (Robert Doisneau); 99 (Tim Graham); 103 (Stephane Cardinale); 109 (Estrop); 115 (Cooper Neill); 117 (Adoc-photos); 121 (Antonio de Moraes Barros Filho); 123 (Rindoff/Charriau); 124 (Francois Durand); 128 r (Dominique Charriau); 133 (Daniel Zuchnik).

Rex: 30 (Christophe Petit Tesson/EPA-EFE/Shutterstock); 41 (Hatami/Shutterstock); 43, 110, 113 (Granger/Shutterstock); 74 (Goldwyn/United Artists/Kobal/Shutterstock); 126 (Steve Wood/Shutterstock); 131 (Shutterstock).

Tokyo Fashion: 64 ©Kira / TokyoFashion.com.

北京市版权局著作权合同登记　图字：01-2021-4880 号。

图书在版编目（CIP）数据

影响世界的时尚大师：可可·香奈儿 /（英）卡洛琳·杨（Caroline Young）著；王东雪译. —北京：机械工业出版社，2023. 6
（设宴系列）
书名原文：What Coco Chanel Can Teach You About Fashion
ISBN 978-7-111-73478-9

Ⅰ. ①影…　Ⅱ. ①卡…　②王…　Ⅲ. ①服装设计 – 作品集 – 法国 – 现代
Ⅳ. ①TS941.28

中国国家版本馆CIP数据核字（2023）第131438号

机械工业出版社（北京市百万庄大街22号　邮政编码100037）
策划编辑：马　晋　　　　责任编辑：马　晋
责任校对：张亚楠　陈　越　　封面设计：王　旭
责任印制：张　博
北京利丰雅高长城印刷有限公司印刷
2024年1月第1版第1次印刷
145mm × 210mm · 4.375印张 · 2插页 · 122千字
标准书号：ISBN 978-7-111-73478-9
定价：78.00元

电话服务　　　　　　　　　网络服务
客服电话：010-88361066　　机　工　官　网：www. cmpbook. com
　　　　　010-88379833　　机　工　官　博：weibo. com/cmp1952
　　　　　010-68326294　　金　书　网：www. golden-book. com
封底无防伪标均为盗版　　　机工教育服务网：www. cmpedu. com